公共体育设施室外健身设施国家标准应用指南

——GB/T 34284—2017、GB/T 34290—2017、GB/T 34289—2017、GB/T 34279—2017

全国体育用品标准化技术委员会
中国体育用品业联合会
编著

中国质检出版社
中国标准出版社
北京

图书在版编目(CIP)数据

公共体育设施室外健身设施国家标准应用指南：GB/T 34284—2017、GB/T 34290—2017、GB/T 34289—2017、GB/T 34279—2017/全国体育用品标准化技术委员会编著. —北京:中国标准出版社,2017.10

ISBN 978-7-5066-8739-3

Ⅰ.①公… Ⅱ.①全… Ⅲ.①体育器材-国家标准-中国 Ⅳ.①G818.3-65

中国版本图书馆 CIP 数据核字(2017)第 243310 号

中国质检出版社
中国标准出版社 出版发行

北京市朝阳区和平里西街甲 2 号(100029)
北京市西城区三里河北街 16 号(100045)

网址 www.spc.net.cn
总编室:(010)68533533 发行中心:(010)51780238
读者服务部:(010)68523946

中国标准出版社秦皇岛印刷厂印刷
各地新华书店经销

*

开本 880×1230 1/16 印张 9.25 字数 281 千字
2017 年 10 月第一版 2017 年 10 月第一次印刷

*

定价 75.00 元

编撰委员会

前　言

党的十八大以来，党中央、国务院高度重视体育工作，习近平总书记对体育工作多次作出重要批示和指示，对体育工作进行了一系列精辟论述，成为我国体育发展的重要指引。各级政府对体育事业的投入不断加大，全社会参与体育的热情日益高涨，体育在实现中华民族伟大复兴中国梦和全面建成小康社会中的作用进一步显现。“十三五”时期，党和国家对体育的重视和支持将更加有力，建设健康中国、全民健身上升为国家战略，将为体育发展提供新机遇，将不断满足广大人民群众对健康更高层次的需求，进一步营造崇尚运动、全民健身的良好氛围，推动体育融入生活，培育健康绿色生活方式，增强人民群众的幸福感和获得感，有效提高全民族健康水平。

“十三五”时期，全民健身的总体目标是，全民健身国家战略深入推进，群众体育发展达到新水平。《全民健身计划(2016—2020年)》有效实施，全民健身公共服务体系日趋完善，人民群众健身意识普遍增强，身体素质逐步提高。到2020年，经常参加锻炼的人数达到4.35亿，人均体育场地面积达到1.8 m^2。满足这一目标的重要物质基础之一是体育设施的建设与供给。作为长期用于全民健身工程的室外健身路径因设置安全、管理与维护方面存在着诸多不足，造成使用者伤害的事件时有发生。为杜绝这一不安全事件的发生，保证使用者安全锻炼，全国体育用品标准化技术委员会秘书处组织健身器材生产企业编制了GB/T 34284—2017《公共体育设施　室外健身设施应用场所安全要求》、GB/T 34290—2017《公共体育设施　室外健身设施的配置与管理》、GB/T 34289—2017《健身器材和健身场所安全标志和标签》、GB/T 34279—2017《笼式足球场围网设施安全　通用要求》4项国家标准。4项国家标准分别从不同的视角，对室外健身器材的场所建设、器材安装、器材的维护与保养以及标志标签等技术内容进行了规范。

为贯彻落实好4项国家标准，指导生产企业规范生产，督促器材管理部门对器材正常维护与保养，帮助使用者正确使用器材以及质量检验机构准确理解标准，特编写此书。

本书由国家体育总局群众体育司负责组织，中国体育用品业联合会负责牵头。在编写过程中，中国体育用品业联合会和中国质检出版社相互密切协作。参加本书编写的其他单位有(按拼音字母排序)：北京奥康达体育产业股份有限公司、北京国体世纪体育用品质量认证中心、国家体育总局体育器材装备中心、南京万德体育产业集团有限公司、南通铁人运动用品有限公司、宁波奇胜运动器材有限公司、青岛英派斯健康科技股份有限公司、全国体育用品标准化技术委员会、三河市桂宇星体育用品有限公司、山西澳瑞特健康产业股份有限公司、深圳市好家庭实业有限公司、舒华股份有限公司、泰山体育产业集团有限公司、武汉昊康健身器材有限公司。

本书共5章、6个附件，主要对GB/T 34284—2017《公共体育设施　室外健身设施应用场所安全要求》、GB/T 34290—2017《公共体育设施　室外健身设施的配置与管理》、GB/T 34289—2017《健身器材和健身场所安全标志和标签》、GB/T 34279—2017《笼式足球场围网设施安全　通用要求》的编制过程和标准中各个条款的技术应用要点进行详细阐述。为更好地宣传贯彻党中央、国务院提出的全民健身总体目标，特在文后列出6个相关政策文件，供各企事业单位参考。

由于学识、认知和经验不足，书中难免有理解错误和认识不到位之处，欢迎各位读者批评指正。

编　者

2017年9月

目　录

第一章

概　述

第一节　GB 34284—2017《公共体育设施　室外健身设施应用场所安全要求》编制说明

一、任务来源

根据国家标准化管理委员会国标委综合[2013]56号文件"国家标准委关于下达2013年第一批国家标准制修订计划的通知"，计划编号：20130280-T-469，由全国体育用品标准化技术委员会(SAC/TC 291)提出并归口。

二、编制过程

2014年5月17日，在福建泉州召开了《公共体育设施　室外健身设施应用场所的安全要求》国家标准项目启动会，对山西澳瑞特提供的标准草案进行初次讨论。会后，全国体育用品标准化技术委员会根据标准涵盖的关键技术点对国内外现行的公共健身场所的相关标准进行了收集、整理。分别参照并完善了该标准的草案稿。

根据标准草案稿的修改情况，全国体育用品标准化技术委员会于2015年5月22日～24日在河南商丘再次召开了《公共体育设施　室外健身设施应用场所安全要求》国家标准讨论会，根据室外健身器材和健身设施的特点，对标准的有关内容进行了调整、细化，并对文本进行了逐条逐句的斟酌和整理，考虑安全因素并结合室外场所的特点，会议提出对"电气"和"接地与避雷"条款增加详细的内容。

2015年6月15日～17日，在宁波召开了《公共体育设施　室外健身设施应用场所的安全要求》国家标准草案稿的第三次讨论会，会议对整理后的文本重新做了梳理，进行了逐条逐句的斟酌和整理，尤其对"电气"和"接地与避雷"进行了逐条逐句的斟酌和整理，最后形成征求意见稿。

2015年9月～10月，对《公共体育设施　室外健身器设施应用场所安全要求》国家标准征求意见稿面向社会公开征求意见，通过中国体育用品业联合会、北京国体世纪体育用品质量认证中心网站、邮寄纸质文件、电子邮件、微信专业工作群等途径，向各省市体育局群体处、体育用品生产企业、全国体育用品标准化技术委员会委员单位等征求了意见。本次征求意见工作共收集来自10家单位或个人反馈的23条建议。

2015年11月18日，在河北三河召开了《公共体育设施　室外健身设施应用场所安全要求》国家标准征求意见稿讨论会，会议就征求意见过程中收集的23条意见进行了逐条讨论，共采纳修改建议16条，根据采纳的修改建议对照文本进行了修改，并就未采纳的修改建议给出了不采纳理由。

全国体育用品标准化技术委员会于2016年3月16日在北京组织召开了《公共体育设施　室外健身设施应用场所安全要求》(20130280-T-469)国家标准审查会。专家审查组由来自科研院所、大专院校、生产企业、行业管理部门等方面的专家组成。

标准起草组成员就标准的编写过程和编制说明进行了详细的汇报。专家审查组就标准送审稿的内容进行了逐条逐句审查，经过质询和讨论形成如下意见：

——该标准对室外健身设施应用场所的安全要求进行了规范；

——该标准的制定符合群众对室外健身设施场所的安全需要，保障了群众的健身安全，为公共体育设施科学建设提供了技术支撑，有利于推动全民健身运动可持续发展，具有可操作性；

——标准送审材料齐备，文本的编写符合GB/T 1.1—2009《标准化工作导则　第1部分：标准的结构和编写》的规定，制定程序符合要求。

专家审查组一致同意通过对该项标准的审查。建议标准起草组根据审查会提出的意见对标准文本进行修改后，尽快形成报批稿，作为推荐性国家标准上报。

三、参照采用的国际或国内法规及相关标准

GB 3096—2008 声环境质量标准

GB/T 4208—2008 外壳防护等级(IP 代码)

GB/T 5013.1—2008 额定电压 450/750V 及以下橡皮绝缘电缆 第 1 部分：一般要求

GB 8408—2008 游乐设施安全规范

GB 19272—2011 室外健身器材的安全 通用要求

GB/T 30228—2013 运动场地地面冲击衰减的安全性能要求和试验方法

GB/T 34289—2017 健身器材和健身场所安全标志和标签

GB 50016—2014 建筑设计防火规范

GB 50028—2006 城镇燃气设计规范

GB 50057—2000 建筑物防雷设计规范

GB/T 50065—2011 交流电气装置的接地设计规范

GB 50169—2016 电气装置安装工程 接地装置施工及验收规范

GB 51192—2016 公园设计规范

JG/T 191—2006 城市社区体育设施技术要求

JG 3002.3—1992 住宅楼梯 栏杆、扶手

JGJ 31—2003 体育建筑设计规范

JGJ 50—2013 城市道路和建筑物无障碍设计规范

四、确定标准主要内容的依据

（一）标准编制原则

标准编制的主要依据：GB/T 1.1—2009《标准化工作导则 第 1 部分：标准的结构和编写》。

（二）本标准主要内容

本标准主要提出了公共体育设施中室外健身设施应用场所的安全要求。

（三）本标准制定参考的主要依据

1. 标准 4.1.5 条款“场所周界距高、低压电线水平距离应大于或等于 8 m”，参考了 GB 19272—2011《室外健身器材的安全 通用要求》中 5.7.4a)条款“器材距架空高低压电线的水平距离应不小于 8 m”。

2. 标准 4.1.6 条款“场所距地下管道、地下线路边缘的水平距离应大于或等于 2 m，距各类住宅的水平距离应大于或等于 8 m”，引用了 GB 19272—2011《室外健身器材的安全 通用要求》中 5.7.4b)条款。

3. 标准 4.1.8 条款中“方向(以长轴为准)宜为南北向”，参考了 JGJ 31—2003《体育建筑设计规范》的第 4.2.7 条款“室外运动场地布置方向(以长轴为准)应为南北向”。

4. 标准 4.2.2 条款“设置夜间使用的场所，在器材边缘 2 m 的范围内，光照度应大于或等于 15 lx”，引用了 GB 19272—2011《室外健身器材的安全 通用要求》中 5.7.4c)条款。

5. 标准 4.6.3 条款“当相邻地面存在高度差时，高度差应小于或等于 15 mm，并应以斜面过渡”，引用了 JGJ 50—2001《城市道路和建筑物无障碍设计规范》中 7.3.3 条款。

6. 标准 4.7.2 条款“电缆接头防护等级应不低于 IP65”，参考 GB 4208—2008《外壳防护等级(IP 代码)》，防护等级 IP 数字的等级数字 6 是指尘密，数字 5 是指防喷水。

7. 标准 4.7.5 条款“场所的各种电气线路宜暗敷设；明设的检修点应有保护体并采取防火措施。”参考 JGJ 31—2003《体育建筑设计规范》10.3.23“体育建筑的各种电气线路应为暗敷设。在仅专业维修人员可到达的场所可明设，但应有保护体，并采取防火措施。体育建筑的各种电线，宜采用铜芯导线”。

8. 标准 4.8 条款“接地与避雷”，内容参考引用了 GB 8408—2008《游乐设施安全规范》中 6.6 条款“接地与避雷”。

第二节　GB/T 34290—2017《公共体育设施　室外健身设施的配置与管理》编制说明

一、任务来源

根据国家标准化管理委员会下达的[2011]57 号文件“关于下达 2011 年第一批国家标准制修订计划的通知”，《社区健身器材设置和管理》项目编号为：20110112-T-469，由全国体育用品标准化技术委员会(SAC/TC 291)提出并归口。

二、编制过程

2012 年 10 月 8 日～11 日，按照标准制定的工作程序，体育用品标准化技术委员会组织起草组在北京体育大学召开了《社区健身器材的设置和管理》国家标准起草工作启动会议，会议明确了标准编写目的、意义和依据，对标准框架进行讨论，会上确定标准框架主要分为设置和管理要求两部分。

2013 年 3 月 24 日～27 日，在北京召开草案稿初稿讨论会议，会议根据 2012 年 10 月 9 日会议确定的框架，分别对标准中设置和管理部分的草案内容进行逐条讨论，确定将标准框架分为 5 章，分别是范围、规范性引用文件、术语和定义、要求和评价，其中第 4 章要求分为通则、设置要求和管理要求三个部分；标准题目中增加“公共体育设施”，明确标准适用范围；根据会议重新编排的文本结构，对下一阶段标准的具体编写提出具体分工要求。

2013 年 6 月 3 日～7 日，在北京召开草案稿讨论会，起草组再次对各组形成的草案稿进行了讨论，会议决定两组交换项目对标准进行补充，题目中的“社区”改为“室外”。

2014 年 5 月 16 日～20 日，在福建泉州召开第三次讨论稿会议，会上进一步的讨论和研究，补充了部分条款内容。

2015 年 5 月 22 日，在河南商丘召开了起草工作组讨论会议，起草工作组对草案稿的每一条款进行了分析和讨论，将标准范围中的评价删减，根据配置要求增加附录 A 器材和设备主要功能分类表，使标准更具有使用性指导选配器材和设备种类。

2015 年 6 月 16 日，在宁波召开了起草组讨论会议，起草工作组对草案稿进行了详细的讨论，将附录 A 以表格形式放入正文中。本次对草案稿讨论经修改后，形成征求意见稿。

2015 年 9 月～10 月，对《公共体育设施　室外健身设施的配置与管理》国家标准征求意见稿面向社会公开征求了意见，通过中国体育用品业联合会、北京国体世纪体育用品质量认证中心网站、邮寄纸质文件、电子邮件、微信专业工作群等途径向各省市体育局群体处、体育用品生产企业、全国体育用品标准化技术委员会委员单位等征求了意见。本次征求意见工作共收集来自 11 家单位或个人反馈的 39 条建议。

2015 年 11 月 17 日，在河北三河召开了《公共体育设施　室外健身设施的配置与管理》国家标准征求意见稿讨论会，会议就征求意见过程中收集的 39 条意见进行了逐条的讨论，共采纳修改建议 26 条，根据采纳的修改建议对照文本进行了修改，并就未采纳的修改建议给出了理由。

全国体育用品标准化技术委员会于 2016 年 3 月 15 日在北京组织召开了《公共体育设施　室外健身设施的配置与管理》(20110112-T-469)国家标准审查会。专家审查组由来自科研院所、大专院校、生产企业、行业管理部门等方面的专家组成。

标准起草组成员就标准的编写过程和编制说明进行了详细的汇报。专家审查组就标准送审稿的内容进行了逐条逐句审查，经过质询和讨论形成如下意见：

——该标准对室外健身设施的配置、管理、检查、维护和保养等方面进行了规范；

——该标准的制定符合群众对室外健身设施的需要，保障了群众的健身安全，为公共体育设施科学建设提供了技术支撑，有利于推动全民健身运动可持续发展，具有可操作性；

——标准送审材料齐备,文本的编写符合 GB/T 1.1—2009《标准化工作导则 第 1 部分:标准的结构和编写》的规定,制定程序符合要求。

专家审查组一致同意通过对该项标准的审查。建议标准起草组根据审查会提出的意见对标准文本进行修改后,尽快形成报批稿,作为推荐性国家标准上报。

三、参照采用的国际或国内法规及相关标准

GB 19272—2011 室外健身器材的安全 通用要求

四、确定标准主要内容的依据

(一)标准编制原则

标准的编制主要依据:按照 GB/T 1.1—2009《标准化工作导则 第 1 部分:标准的结构和编写》。

(二)本标准主要内容

本标准主要提出了公共体育设施中室外健身设施的配置与管理。

(三)本标准制定参考的主要依据

1. 本标准第 4 章中提出设施配置和管理的总则,综合考虑多年来遍布全国各地的室外健身设施在使用过程中所出现的人身伤害案例分析,发现器材配置不当和管理不到位容易造成使用者意外伤害,条款中对整体规划、技术要求和验收要求及设施的维护、保养和检查按照合同约定执行等方面提出要求。

2. 本标准第 5 章提出了设施的配置要求,主要考虑设施应根据功能、使用人群进行科学配置,条款中提出综合配置应考虑设施的功能性和适用人群,残障人士使用的设施还应考虑其特殊需求,同时对设施的选配分别根据目前市场上常见产品进行功能和使用人群分类。

3. 本标准第 6 章和第 7 章提出了设施的管理和维护要求,起草组主要考虑目前设施经过长期使用过程中发现许多伤害案例都是因为疏于管理和维护造成,因此对设施管理制度、职责、检查、维护和保养以及报废方面做出规定,其中根据目前安装的常见设施给出设施检查项目表。

第三节 GB/T 34289—2017《健身器材和健身场所安全标志和标签》编制说明

一、任务来源

根据国家标准化管理委员会国标委综合[2012]50 号文件"关于下达 2012 年第一批国家标准制修订计划的通知",计划编号:20120438-T-469,由全国体育用品标准化技术委员会(SAC/TC 291)提出并归口。

二、编制过程

2011 年 2 月 22 日,在北京召开了 2011—2012 年度《体育用品安全、通用标准研究》质检公益性行业科研专项项目启动会,《健身器材和健身设施安全标志和标签的规范》作为该科研专项项目同期启动。

会后,全国体育用品标准化技术委员会对国内外现行的安全标志和标签的相关标准进行了收集、整理。分别参照并完成了该标准草案稿的起草工作。

2011 年 6 月 2 日～3 日,在北京召开了《健身器材和健身设施安全标志和标签的规范》国家标准启动工作会暨草案稿讨论会,会议就该标准的相关适用范围进行了明确,明确该标准适用于一切在健身器材上和健身场所内使用的安全标志和标签的分类和设计要求。同时将该标准题目修改为《健身器材和健身场所安全标志和标签》。

2011 年 7 月 18 日～21 日,在北京召开了《健身器材和健身场所安全标志和标签》国家标准草案稿的第二次讨论会,会议对整理后的文本进行了逐条逐句的斟酌和整理,会后将整理后的文本分送给各起草

组成员进行了意见征集。

2011 年 8 月 8 日，就起草组成员提出的部分修改意见进行了讨论，并最终形成该标准的征求意见稿，并向国家标准化管理委员会提交该标准的立项申请。并于 2012 年 8 月 16 日国标委综合[2012]50 号“关于下达 2012 年第一批国家标准制修订计划的通知”中得到正式立项。立项名称为《室外健身器材和健身场所安全标志和标签的规范》(计划编号:20120438-T-469)。

根据标准立项情况，全国体育用品标准化技术委员会于 2012 年 12 月 5 日～8 日再次召开了《室外健身器材和健身场所安全标志和标签的规范》国家标准讨论会，根据室外健身器材和健身设施的特点，对标准的有关内容进行了调整、细化，定义中将“安全标志”修改为了“形象化图示”。

会议对各种警示标签的示例进行了重新设计，并形成征求意见稿传阅起草组各成员。

全国体育用品标准化技术委员会于 2014 年 5 月 1 日至 6 月 10 日对该标准的征求意见稿正式公开征求意见，本次征求意见工作共收到 28 条回复意见。

全国体育用品标准化技术委员会于 2014 年 6 月 11 日～14 日在北京飞天大厦召开了该标准的征求意见稿讨论会。对回复的标准意见进行了逐条讨论，根据采纳的意见对标准文本进行了修改，形成了标准送审稿。

全国体育用品标准化技术委员会于 2014 年 8 月 4 日～9 月 15 日在标委会范围内对该标准进行了函审，共发放函审材料 53 份，回收函审表决单 40 份，有回复修改建议的 6 份，回复修改建议 26 条。本次函审符合程序要求。

全国体育用品标准化技术委员会根据回复的修改建议，于 2014 年 11 月 17 日～20 日在北京潇湘大厦召开了该标准的报批稿讨论会，会议对函审过程中回复的修改建议进行了逐条研究，采纳修改建议 18 条。并根据采纳的修改建议对文本进行了修改，形成标准送审稿。

全国体育用品标准化技术委员会于 2016 年 3 月 16 日在北京组织召开了《健身器材和健身场所安全标志和标签》(20120438-T-469)国家标准审查会。专家审查组由来自科研院所、大专院校、生产企业、行业管理部门等方面的专家组成。

标准起草组成员就标准的编写过程和编制说明进行了详细的汇报。专家审查组就标准送审稿的内容进行了逐条逐句审查，经过质询和讨论形成如下意见：

——该标准对健身器材和健身场所安全标志和标签以及健身场所安全信息牌的设计进行了规范；

——该标准的制定为健身器材和健身场所安全标志和标签以及健身场所安全信息牌的设计者提供了科学、专业的指导；对使用者在健身过程中正确使用器材提供有效的帮助；

——标准送审材料齐备，文本的编写符合 GB/T 1.1—2009《标准化工作导则　第 1 部分：标准的结构和编写》的规定，制定程序符合要求。

专家审查组一致同意通过对该项标准的审查。建议标准起草组根据审查会提出的意见对标准文本进行修改后，尽快形成报批稿，作为推荐性国家标准上报。

三、参照采用的国际或国内法规及相关标准

GB 2893—2008　安全色

GB/T 2893.1—2013　图形符号　安全色和安全标志　第 1 部分：安全标志和安全标记的设计原则

GB/T 2893.2—2008　图形符号　安全色和安全标志　第 2 部分：产品安全标签的设计原则

GB/T 2893.3—2010　图形符号　安全色和安全标志　第 3 部分：安全标志用图形符号设计原则

GB/T 2893.4—2013　图形符号　安全色和安全标志　第 4 部分：安全标志材料的色度属性和光度属性

GB 2894—2008　安全标志及其使用导则

GB/T 15565.1—2008 图形符号 术语 第1部分:通用

GB/T 15565.2—2008 图形符号 术语 第2部分:标志及导向系统

GB/T 16903.1—2008 标志用图形符号表示规则 第1部分:公共信息图形符号的设计原则

GB/T 16903.2—2013 标志用图形符号表示规则 第2部分:理解度测试方法

GB/T 16903.3—2013 标志用图形符号表示规则 第3部分:感知性测试方法

GB/T 25322—2010 消费品安全标签

ASTM F 1749—2009 健身器材和健身设施安全标志和标签的规范

四、确定标准主要内容的依据

(一)标准编制原则

标准编制的主要依据:GB/T 1.1—2009《标准化工作导则 第1部分:标准的结构和编写》。同时,参考了GB/T 25322—2010《消费品安全标签》和美国材料与试验协会ASTM F 1749—2009《健身器材和健身设施安全标志和标签的规范》。

(二)本标准主要内容

本标准主要提出了健身器材和健身场所常规警示标签、特定位置警示标签和健身场所安全信息的设计。

(三)本标准制定参考的主要依据

1. 本标准中4.2条款关于危险等级的划分,总结了现行的国内外对危险等级的情况,结合健身器材在使用过程中可能存在的潜在危险性严重程度,将危险等级确定为:"危险""警告""小心"三个等级。

2. 本标准中4.5和4.6条款中,对"常规警示标签"和"特定位置警示标签的设计"提出了要求,并对方向、边框、颜色、字体、字高、语言、安装位置、使用寿命等方面给出了具体的要求。

3. 本标准中第5章"健身场所安全信息牌设计"考虑健身场所使用的安全标志标签,对安全标志警示语、信息面板内、字高、语言等方面给出了要求。

第四节 GB/T 34279—2017《笼式足球场围网设施安全通用要求》编制说明

一、任务来源

根据国家标准化管理委员会下达的国标委综合[2015]30号文件"关于下达2015年第一批国家标准制修订计划的通知"《可拆装笼式足球围网的安全 通用要求》项目编号为:20150574-T-469,由全国体育用品标准化技术委员会组织制定。

二、编制过程

2015年5月18日,由全国体育用品标准化技术委员会组织,按照标准制定的工作程序,在河南商丘召开了《可拆装笼式足球围网的安全 通用要求》国家标准起草工作启动会和标准草案初稿讨论会,会议明确标准编写目的、意义和依据,对标准名称以及草案稿相关条款进行了初步的讨论,形成草案稿,会上也确定了标准起草单位的参加原则,即:"敞开大门,愿意参与研讨的企业都能参入!"。同时将该标准题目修改为《笼式足球场围网设施安全 通用要求》

2015年6月14日,在浙江宁波再次召开了标准草案稿讨论会议,会上奥康达公司介绍了围网结构等条款内容,澳瑞特公司阐述了围网设施的静负荷试验方法,英派斯公司说明了门的性能试验和围网抗

冲击试验方法及结果，泰山集团阐述了风载荷和雪载荷的计算及试验方法。同时，根据对笼式足球五人制足球赛实际调研情况，起草工作组对草案初稿进行了认真的讨论，并对草案初稿的每一条款进行了分析和讨论，确定了标准草案稿的框架，会上要求对条款中的参数由起草组中的企业再次进行试验验证。

2015年7月14日～17日，在北京体育大学国家队训练基地运动员公寓再次召开了《笼式足球围场网设施安全　通用要求》国家标准的草案稿讨论会，会议根据企业上次会后进行的试验，确定了相关技术指标，统一确定了各关键技术指标的试验方法。并对文本进行了逐条逐句的梳理。会议形成了该标准的征求意见稿。

2015年9月～10月对《笼式足球场围网设施安全　通用要求》国家标准征求意见稿面向社会公开征求了意见，通过中国体育用品业联合会、北京国体世纪体育用品质量认证中心网站、邮寄纸质文件、电子邮件、微信专业工作群等途径向各省市体育局群体处、体育用品生产企业、全国体育用品标准化技术委员会委员单位等征求了意见。本次征求意见工作共收集来自19家单位或个人反馈的86条建议。

2015年11月19日，在河北三河召开了《笼式足球场围网设施安全　通用要求》国家标准征求意见稿讨论会，会议就征求意见过程中收集的86条意见进行了逐条的讨论，共采纳修改建议56条，根据采纳的修改建议对照文本进行了修改，并就不采纳的修改建议给出了不采纳理由。

2015年12月12日～13日，在北京怀柔召开了《笼式足球场围网设施安全　通用要求》国家标准送审稿讨论会，会议就立柱和框架防护、网孔孔径、围网冲击试验、照明铺设、器材表面突出物等关键问题再次进行了深入探讨。确定了最终的技术指标，会议形成了该标准的送审稿。

三、参照采用的国际或国内法规及相关标准

GB/T 1804—2000　一般公差　未注公差的线性和角度尺寸的公差

GB/T 5296.1—2012　消费品使用说明　第1部分：总则

GB/T 5296.7—2008　消费品使用说明　第7部分：体育器材

GB/T 5455—2014　纺织品　燃烧性能　垂直方向损毁长度、阴燃和续燃时间的测定

GB 5725—2009　安全网

GB 6675.4—2014　玩具安全　第4部分：特定元素的迁移

GB/T 19851.14—2007　中小学体育器材和场地　第14部分：球网

GB/T 19851.15—2007　中小学体育器材和场地　第15部分：足球门

GB/T 22040—2008　公路沿线设施塑料制品耐候性要求及测试方法

GB/T 22102—2008　防腐木材

GB 24613—2009　玩具用涂料中有害物质限量

GB/T 26941.1—2011　隔离栅　第1部分：通则

GB/T 26941.2—2011　隔离栅　第2部分：立柱、斜撑和门

GB 31187—2014　体育用品　电气部分的通用要求

GB 50057—2010　建筑物防雷设计规范

GB 50343—2012　建筑物电子信息系统防雷技术规范

SN/T 1877.2—2007　塑料原料及其制品中多环芳烃的测定方法

SN/T 1877.4—2007　橡胶及其制品中多环芳烃的测定方法

SJ/T 11363—2006　电子信息产品中有毒有害物质的限量要求

TY/T 1002.1—2005　体育照明使用要求及检验方法　第1部分：室外足球场和综合体育场

EN 15312—2007　自由使用的多项运动设备要求，包括安全性和试验方法

四、确定标准主要内容的依据

（一）标准编制原则

标准的编制主要依据：按照 GB/T 1.1—2009《标准化工作导则 第 1 部分：标准的结构和编写》。

（二）本标准主要内容

本标准主要提出了笼式足球围网设施的安全通用要求。

（三）本标准制定参考的主要依据

1. 原标准名称为《可拆装笼式足球围网的安全 通用要求》，经过起草组的反复斟酌和讨论，认为标准内容还包含围网在内的其他足球设施，该名称不能够准确反映标准内容，故最终确定名称更改为《笼式足球场围网设施安全 通用要求》。

2. 标准 4.3 条款"结构要求"，文本中 4.3.1 条款"围网框架"和 4.3.2 条款"出入口（门）"，考虑围网和门的结构对使用者在运动中可能造成的伤害和安全疏散要求，在标准中提出具体条款内容要求。

3. 标准 4.4.1 条款"网丝（绳）拉断力"，考虑足球运动中球可能会撞击到上侧网和顶网，导致上侧网和顶网破损足球飞出场地造成危险，对 2 000 mm 以上侧网和顶网的网丝强度提出要求"2 000 mm 以上的侧网的最大拉伸力应不小于 2000 N；设施结构如有顶网，顶网的最大拉伸力应不小于 500 N"。其参数确定根据球撞击到网面上所受的载荷情况以及各厂家试验结果确定其网丝（绳）拉断力。

4. 标准 4.4.2 条款"门的疲劳性能"，考虑到门不断反复开闭或非正常使用时损坏可能伤及使用者，其根据目前市场上安装笼式足球围网设施多年的经验和各厂家试验综合情况，提出了要求"在距离门扇自由端外边缘 55 mm 处的中心线上施加 700 N±10 N 重力，将门在没有撑挡的状态下，通过测试机构将门扇平开至 90°±5°位置，门扇在 50 mm±5 mm 处停止，试验频率 250 次/h～275 次/h，反复启闭 1 万次，试验后门应无严重变形或影响正常使用。"

5. 标准 4.4.3 条款"围网和顶梁（跨梁）稳定性"，考虑笼式足球围网设施安装后结构所承受的自重、风载荷对其的稳定性能的影响，保证设施稳固性能，避免使用者在运动时围网设施受到外力作用产生倾斜、翻倒的安全隐患；其中条款 5.4.3.1 要求"在 2 000 mm 的高度上对立柱施以 1 500 N 的水平侧向集中静负荷力，保持 1 min，卸载后目测"，观察围网设施是否有任何方向的倾斜或明显永久性变形现象。其指标的确定主要是根据风载荷对于设施稳定性可能产生的影响，其计算方式如下：

取 12 级风风压的上限值 668.5 N/m²（数据来源于 GB 50009—2012《建筑结构荷载规范》），根据常规产品立柱拟采用 Q235B 材质 ϕ76 钢管，高 4.0 m，围网框架拟采用 Q235B 材质 ϕ48 钢管，围网的孔格为方形，尺寸为 50 mm×50 mm，网丝直径为 4 mm。取一根立柱及其两侧各两个半片围网进行计算，风阻面积为立柱、网片，受风阻面积计算。风阻面积为立柱、网片、框架、网丝三者的净投影之和，故为计算：

$S=S_1+S_2+S_3$

$=4\ \text{m}\times0.076\ \text{m}+(4\ \text{m}+4\ \text{m}+3\ \text{m}+3\ \text{m}+3\ \text{m})\times0.048\ \text{m}+3\ \text{m}\times4\ \text{m}/(0.05\ \text{m}\times0.05\ \text{m})\times0.05\ \text{m}\times0.004\ \text{m}\times0.5\times4$

$=3.04\ \text{m}^2$

围网受力计算：

$M=12$ 级风压 $\times S=668.5\ \text{N/m}^2\times3.04\ \text{m}^2=2\ 035.2\ \text{N}$

按最不利情形即风载荷方向作用于围网考虑，围网为对称结构风载荷会在立柱的形心点形成集中载荷，2 035 N 的力为均布载荷作用在围网框架上，立柱相当于悬臂梁，根据力学原理均布载荷的弯矩公式：$M=qL^2/4$ 及集中载荷在中点的弯矩公式：$M=PL/2$ 可以看出，只有当集中载荷 $P=qL/2$ 时两者才相等，即集中载荷须为均布载荷的一半作用在横梁中点，其作用效果才与均布载荷相同，均布载荷其中集中载荷的值为：

$P=qL/2=2\ 032\ N/2=1\ 016\ N$

上述计算根据目前市面上常用结构尺寸进行计算得 1 016 N 的集中载荷力，因各厂家设计围网框架结构不同考虑增加 1.5 倍的安全系数，同时经过多个厂家试验结果综合情况，最终确定标准条款中的参数要求。

标准 5.4.3.2 条款要求设施带有顶(跨)梁的结构，在顶(跨)梁的中心点向下施加 1 000 N 的力，保持 1 min，卸载后不应有损坏现象。根据安装场地实地考察看到，各地方有安装“可拆卸(移动)式笼式足球围网”的设施，优势是便于场地的灵活转移使用，其安装方式不破坏地面，围网框架组装后直接放置在地面上有顶(跨)梁稳固支撑的结构，考虑顶(跨)梁是稳固支撑作用其稳定性设施不仅要符合 5.4.3.1 的同时还要符合 5.4.3.2 要求，其指标的确定主要是根据雪载荷计算顶(跨)梁有可能产生积雪对设施稳定性产生影响进行计算及结果见附件 A，同时经过多个厂家试验结果综合情况，最终确定标准内容中的参数要求。

6. 标准 5.4.4 条款“设施抗冲击性能”是参考欧盟 EN 15312 标准且结合国内笼式足球运动中足球和使用者对围网冲击导致破损而产生的伤害，同时根据目前各厂家试验结果情况，对围网的抗冲击性能提出了要求；文本中 5.4.4.1 条款围网抗球冲击要求，用 50 kg 重锤自由下落 2 次/min 的频率，冲击高度 350 mm 进行 1 000 次冲击，冲击后框架永久性变形与短边比不大于 1.5%，围网挠度变形与短边比不大于 5%等的要求；5.4.4.2 条款抗使用者冲击要求，用 50 kg 自由下落，冲击高度为 500 mm 进行一次冲击，冲击后在围网最大框架单元的宽度和高度范围内不应破损。

7. 标准 5.4.5 条款“表面涂层和纺织材料性能”是根据目前大部分笼式足球围网设施安装在室外使用，考虑其耐腐蚀和耐候性提出此条款要求。

第 二 章

GB/T 34284—2017《公共体育设施　室外健身设施应用场所安全要求》应用指南

第一节　范　　围

【标准条款】

> 1　范围
>
> 本标准规定了公共体育设施中室外健身设施应用场所(以下简称“场所”)的术语和定义、安全要求。
>
> 本标准适用于室外健身设施的应用场所。

【应用要点】

1. 本章阐述了公共体育设施中室外健身设施应用场所的安全要求。
2. 本标准适用于室外健身设施场所的选址、环境、区域及空间、行走通道、排水、地面、电气、接地与避雷以及安全标志。本标准所有要求均是基于大众在健身和休闲活动中对自身以及第三者安全考虑。

第二节　规范性引用文件

【标准条款】

> 2　规范性引用文件
>
> 下列文件对于本文件的应用是必不可少的。凡是注日期的引用文件,仅注日期的版本适用于本文件。凡是不注日期的引用文件,其最新版本(包括所有的修改单)适用于本文件。
>
> GB 3096　声环境质量标准
>
> GB 19272—2011　室外健身器材的安全　通用要求
>
> GB/T 30228　运动场地地面冲击衰减的安全性能要求和试验方法
>
> GB 50057　建筑物防雷设计规范
>
> GB 50065　交流电气装备的接地设计规范
>
> GB 50169　电气装置安装工程接地装置施工及验收规范
>
> GB 50763　无障碍设计规范
>
> GB/T 34289　健身器材和健身场所安全标志和标签

【应用要点】

1. 本章列出了规范性引用文件共 8 项。
2. 凡注明日期的引用文件,使用时请注意只有该日期版本的标准适用于本标准。
3. 凡不注日期的引用文件,使用时请注意使用用最新版本标准。

第三节　术语和定义

【标准条款】

> 3　术语和定义
>
> 下列术语和定义适用于本文件。
>
> 3.1
>
> **公共体育设施　public sports facilities**
>
> 由各级政府或其他社会组织提供的，向公众开放用于开展体育活动的体育场(馆)、场地、器材和设备。

【应用要点】

1. 明确了公共体育设施的提供方为各级政府，比如国家、省、市、县(区)、街道(乡镇)、居委会(村)；或其他社会组织，比如企业、学校、医院、社会团体等。
2. 明确了公共体育设施的服务对象，是面向公众，而不是指某一特定人群。
3. 明确了公共体育设施的目的，是用于开展体育活动。
4. 明确了公共体育设施包括的范围，如体育场(馆)、各类场地、室外健身器材和设备等。

【标准条款】

> 3.2
>
> **室外健身设施应用场所　place of application for outdoor fitness equipments**
>
> 配置有室外健身设施，供人们健身和休闲活动的区域。

【应用要点】

明确了室外健身设施应用场所的区域范围，包括健身和休闲活动区域范围。

第四节　安 全 要 求

【标准条款】

> 4　安全要求
>
> 4.1　场所选址
>
> 4.1.1　应远离有毒有害、易燃易爆、易产生地质塌裂、洪涝、泥石流、滑坡等区域。
>
> 4.1.2　涉及危险环境如楼顶边缘、河流等应留有安全距离和防护措施。
>
> 4.1.3　不应占用消防通道。
>
> 4.1.4　场所周界距离道路边界应大于或等于 1.5 m。
>
> 4.1.5　场所周界距高、低压电线水平距离应大于或等于 8 m。
>
> 4.1.6　场所距地下管道、地下线路边缘的水平距离应大于或等于 2 m，距各类住宅的水平距离应大于或等于 8 m。
>
> 4.1.7　宜建在阳光充足、场地干燥、排水通畅、地势平坦的区域。
>
> 4.1.8　宜布置在避风的位置，方向(以长轴为准)宜为南北向。

【应用要点】

1. 本条款规定了场所的选址要求。
2. 4.1.1 条款明确了应用场所应远离有毒有害和易燃易爆物品、易产生地质灾害(如塌裂、洪涝、泥石流、滑坡等)区域,为了防止使用者在使用过程中造成伤害和对场所内的器材和设备的损坏。

3. 4.1.2 条款明确了场所安装在危险环境区域时,应增加防护措施和留有安全距离。

4. 4.1.3 条款明确了场所不应影响消防安全通道的使用,目的是保护使用者和设施安全。消防通道是消防人员实施营救和被困人员疏散的通道。2008 年 10 月 28 日发布的《中华人民共和国消防法》第二十八条有明确规定。

5. 4.1.4 条款明确了场所距离道路边缘的最小安全距离应大于或等于 1.5 m,目的是为了保护使用者安全

6. 4.1.5 条款规定了器材距架空高低压电线的水平距离应不小于 8 m,目的是为了保护使用者安全。该参数来源于 GB 19272—2011《室外健身器材的安全　通用要求》中 5.7.4a)条款"器材距架空高低压电线的水平距离应不小于8 m"。

7. 4.1.6 条款规定了场所距地下管道、地下线路边缘的水平距离应大于或等于 2 m,距各类住宅的水平距离应大于或等于 8 m,目的是为了保护使用者安全。该参数来源于 GB 19272—2011《室外健身器材的安全　通用要求》中 5.7.4a)、b)条款要求。

8. 4.1.7 条款提出了场所地理位置的建议性要求,目的是为了使用人群在健身和休闲过程中的舒适性,提高场所的利用率。

9. 4.1.8 条款提出了场所地理位置的建议性要求,采用了 JGJ 31—2003《体育建筑设计规范》中 4.2.7 条款"室外运动场地布置方向(以长轴为准)应为南北向"。

【标准条款】

4.2　场所环境

4.2.1　安装环境的噪音限值应符合 GB 3096 中 2 类的要求。

4.2.2　设置夜间使用的场所,在器材边缘 2 m 的范围内,光照度应大于等于 15 lx。

4.2.3　场所设置在楼顶等存在危险隐患区域应设置安全防护围网。

【应用要点】

1. 4.2.1 条款明确规定了场所周边的环境噪声,以便使用者不受噪声干扰正常使用,并引采用了 GB 3096《声环境质量标准》第 5 章环境噪声限值条款的表 1 中 2 类的要求,具体要求见表 2-4-1。

表 2-4-1　环境噪声限值　　单位:dB(A)

<table>
<tr><th colspan="2" rowspan="2">声环境功能区类别</th><th colspan="2">时段</th></tr>
<tr><th>昼间</th><th>夜间</th></tr>
<tr><td colspan="2">0 类</td><td>50</td><td>40</td></tr>
<tr><td colspan="2">1 类</td><td>55</td><td>45</td></tr>
<tr><td colspan="2">2 类</td><td>60</td><td>50</td></tr>
<tr><td colspan="2">3 类</td><td>65</td><td>55</td></tr>
<tr><td rowspan="2">4 类</td><td>4a 类</td><td>70</td><td>55</td></tr>
<tr><td>4b 类</td><td>70</td><td>60</td></tr>
</table>

2. 4.2.2 条款明确了场所在夜间使用中,器材边缘 2 m 的范围内,光照度应大于或等于 15 lx,该参数来源于 GB 19272—2011《室外健身器材的安全　通用要求》中 5.7.4c)条款的要求,便于使用者在夜间使用,同时有效避免因夜间昏暗带来的安全隐患。

3. 4.2.3 条款明确规定了在楼顶等存在危险隐患区域应设置安全防护围网,目的是在健身运动过程中有效防止高空坠落危害的发生,避免生命、财产的损失。不同运动其安全防护网要求是不一样的,例如,篮球、足球、网球等球类运动,如图 2-4-1 所示。

图 2-4-1 楼顶安全防护围网示例

【标准条款】

4.3 场地区域及空间

4.3.1 场所规划应符合 GB 19272—2011 中 5.3.3.2 空间和区域的要求。

4.3.2 器材使用空间和区域与人员休息的区域及行走通道不应交叉重叠。

【应用要点】

1. 4.3.1 条款明确了场所规划的空间和区域要求，目的是为了使用人群在健身和休闲过程中避免碰撞及对器材周围的第三者提供保护。采用了 GB 19272—2011《室外健身器材的安全 通用要求》中5.3.3.2的条款要求，空间是指自由空间、跌落空间和器材占地空间，区域为碰撞区域，如图 2-4-2 所示。

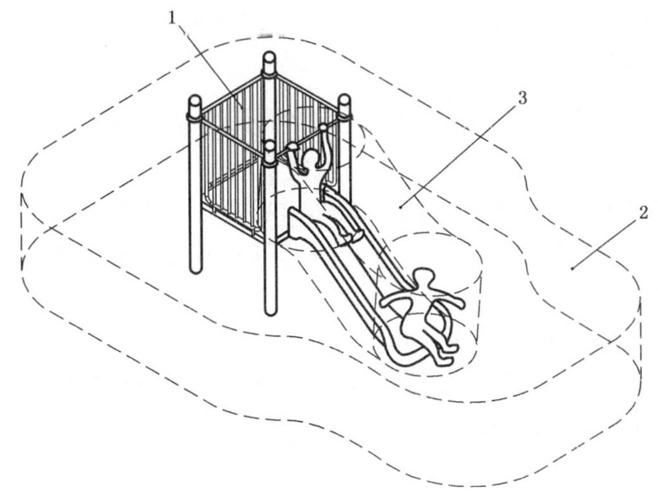

1—器材占用空间；2—跌落空间；3—自由空间；1+2+3=最小空间

注：碰撞区域是一个两维的平面域。

图 2-4-2 器材的最小空间

a）自由空间是最大运动范围的确定，包括使用者以及器材的运动范围；

b）跌落空间由一个从器材或运动范围的边缘在水平面上的投影向外延伸测量至少 1 500 mm 形成一个平面域，然后向上平移至跌落高度处所生成的空间域构成；

c）空间包括跌落空间、自由空间和器材占用空间，此三者叠加为器材的最小空间；

d）碰撞区域应从器材或运动范围的边缘在水平面上的投影向外测量 X 值形成的一个封闭的区域。

2. 4.3.2 条款明确了器材使用空间和区域与人员休息的区域及行走通道不应交叉重叠，是指器材的自由空间、跌落空间、器材占地空间及碰撞区域可以重叠使用，但与人员休息区域及行走通道不能重叠，目的是在非正常使用的情况下，不对人员造成伤害。

【标准条款】

> **4.4 行走通道**
>
> **4.4.1** 出入场所的通道宽度应大于或等于 1.8 m，进入各器材健身位的通道应大于或等于 1.5 m。
>
> **4.4.2** 通道的坡度、转弯半径及盲道应符合 GB 50763 的要求。
>
> **4.4.3** 出入口不应设置在人流、车流交叉处。

【应用要点】

1. 4.4.1 条款规定了出入场所的通道宽度应大于或等于 1.8 m，该参数主要是考虑消防要求“公共区单向通行人行楼梯宽度不应小于 1.8 m”。进入各器材健身位的通道应大于或等于 1.5 m，主要是从出入、使用健身设施，以及方便救护考虑。

2. 4.4.2 条款明确了场所内通道的坡度、转弯半径及盲道的设计需符合 GB 50763—2012《无障碍设计规范》要求，通道的坡度和转弯半径规定是为了避免落差高度过大对使用人群造成伤害；盲道的规定是为了引导残障人士健身休闲时向前行走和辨别方向，确保能够安全地、方便地使用场所内各种设施。

3. 4.4.3 条款的规定，其目的是因人流、车流交叉处人多车多，易发生交通事故和其他安全隐患，因此场所出入口不能设置在此处。

【标准条款】

> **4.5 排水**
>
> **4.5.1** 场所内应有排水功能，通道及器材缓冲区不应存在积水隐患。
>
> **4.5.2** 排水设施不宜为敞开式。

【应用要点】

1. 4.5.1 条款明确了场所内应有排水功能，场所内存水对场所地面和场所内的器材设施和设备会造成财产损失，并且对使用人群健身和休闲造成了一定的障碍；通道及设施缓冲区不应存在积水隐患，目的是为了使设施能够正常使用。

2. 4.5.2 条款规定了排水设施的形式，主要从设施安全使用和整体外观、布局上考虑。地面排水设备包括边沟、侧沟、排水沟、跌水沟、天沟、倒虹吸、渡水槽、截水沟、急流槽和排水沟槽。地下排水设备包括明沟、排水槽、暗沟、渗水暗沟、渗水隧道洞、渗沟、渗井。

【标准条款】

> **4.6 地面**
>
> **4.6.1** 场所地面应有符合 GB/T 30228 的安全防护措施。
>
> **4.6.2** 相邻地面宜相互取平。
>
> **4.6.3** 当相邻地面存在高度差时，高度差应小于或等于 15 mm，并应以斜面过渡。

【应用要点】

1. 此条款是出于安全角度出发，如何尽可能减少或避免地面问题产生的伤害。

2. 4.6.1 条款规定了场所场地地面的安全措施要求，采用了 GB/T 30228—2013《运动场地地面冲击衰减的安全性能要求和试验方法》，标准中分为两类：Ⅰ类侧重于安全防护性能的运动地面；Ⅱ类侧重于运动性能的运动场地地面，如合成材料跑道面层、球类运动场地面层。本标准采用Ⅰ类要求，其目的是为了使用者的人身安全，避免或减少运动损伤。

3. 4.6.2 和 4.6.3 条款明确了相邻地面的要求，“当相邻地面存在高度差时，高度差应小于或等于 15 mm，并应以斜面过渡”，采用了 GB 50763—2012《无障碍设计规范》中 3.5.3 条款“门槛高度及门外地面高差不应大于 15 mm，并应以斜面过渡”，其目的是减少使用人群和休闲人群在运动中产生伤害。

【标准条款】

4.7 电气

4.7.1 电气设备使用时不应对人或周围环境产生危险。

4.7.2 电缆接头防护等级应不低于 IP65。

4.7.3 电气设备应有防水、防尘、防潮、防虫、防腐、防风等保护措施。

4.7.4 高空安装的电气设备应牢固。

4.7.5 场所的各种电气线路宜暗敷设；明设的检修点应有保护体并采取防火措施。

【应用要点】

1. 4.7.1 条款明确规定了电气设备在正常使用时不能对人或周边环境产生危险，并做好定期巡检，在雨雪雷电等恶劣天气结束时要做到及时检查，避免安全隐患，所有的电气设备安装、维护应有专业电气人员执行。

2. 4.7.2 条款明确了电缆接头的防护等级，采用了 GB/T 4208—2008《外壳防护等级(IP 代码)》，IP 是国际用来认定防护等级的代号，IP 等级由两个数字所组成，第一个数字表示防尘(0～6 级)；第二个数字表示防水(0～8 级)，数字越大表示其防护等级越佳。第一个数字 IP6X 代表产品需抽负压，放置沙尘箱中，开盖检查，属尘密，不能有灰尘进入判定为符合标准要求；第二个数字 IPX5 代表喷水，向外壳各方向喷水无影响，水流量 12.5 L/min，试验时间 3 min。

3. 4.7.3 条款规定了电气设备在正常使用期间应有防水、防尘、防潮、防虫、防腐、防风等保护措施，目的是确保使用者及他人生命、财产安全。

4. 4.7.4 条款明确了电气设备高空安装应牢固，采取保护措施，防止发生高空坠落的危害。

5. 4.7.5 条款明确了场所的各种电气线路宜暗敷设；明设的检修点应有保护体并采取防火措施；采用了 JGJ 31—2003《体育建筑设计规范》中 10.3.23 条款“体育建筑的各种电气线路应为暗敷设。在仅专业维修人员可到达的场所可明设，但应有保护体，并采取防火措施。体育建筑的各种电线，宜采用铜芯导线”。

【标准条款】

4.8 接地与避雷

4.8.1 避雷装置的设计和施工应符合 GB 50057 的规定。

4.8.2 正常情况下，电气设备中不带电的金属外壳、金属管槽、电缆金属保护层、互感器二次回路等应与电源线的地线(PE)可靠连接，低压配电系统保护重复接地电阻应不大于 10 Ω。

4.8.3 接地装置的设计和施工应符合 GB 50065 和 GB 50169 的规定。低压配电系统的接地型式应采用 TN-S 系统或 TN-C-S 系统。

4.8.4 电压有效值大于 50 V 的带电回路与接地装置之间的绝缘电阻应不小于 1 MΩ。

【应用要点】

1. 4.8.1 条款规定了场所避雷装置的设计和施工的要求。GB 50057—2000《建筑物防雷设计规范》中根据建筑物的重要性、使用性性质、发生雷电事故的可能性和后果，按防雷要求分为三类。根据分类的原则，场所通常列入第三类防雷建筑物。
2. 4.8.2 条款对在正常情况下电气设备中不带电金属部件的接地方式进行了规定，对低压配电系统的接地电阻提出具体要求。
3. 4.8.3 条款明确规定了接地装置的相关要求。

(1) TN-S 系统：为电源中性点直接接地时电器设备外露可导电部分通过零线接地的接零保护系统，N 为工作零线，PE 为专用保护接地线，即设备外壳连接到 PE 上。

特点：TN-S 方式供电系统是把工作零线 N 和专用保护线 PE 严格分开的供电系统。系统正常运行时，专用保护线上没有电流，只是工作零线上有不平衡电流。PE 线对地没有电压，所以电气设备金属外壳接零保护是接在专用的保护线 PE 上，安全可靠。

(2) TN-C-S 系统：方式供电系统在建筑施工临时供电中，如果前部分是 TN-C 方式供电，而施工规范规定施工现场必须采用 TN-S 方式供电系统，则可以在系统后部分现场总配电箱分出 PE 线。

特点：TN-C-S 供电系统是在 TN-C 系统上临时变通的作法。当三相电力变压器工作接地情况良好、三相负载比较平衡时，TN-C-S 系统在施工用电实践中效果还是可行的。但是，在三相负载不平衡、建筑施工工地有专用的电力变压器时，必须采用 TN-S 方式供电系统。

4. 4.8.4 条款规定了带电回路与接地装置之间的绝缘电阻要求，参考了 GB 8408—2008《游乐设施安全规范》相关条款。绝缘电阻受绝缘材料，温度，湿度，污损等要素的影响，一般材料的绝缘电阻值随环境温湿度的升高而减小。相对而言，表面电阻(率)对环境湿度比较敏感，而体电阻(率)则对温度较为敏感。湿度增加，表面泄漏增大，导体电导电流也会增加。温度升高，载流子的运动速率加快，介质材料的吸收电流和电导电流会相应增加，一般介质在 70 ℃时的电阻值仅有 20 ℃时的 10%。因此，测量绝缘电阻时，必须指明试样与环境达到平衡的温湿度。通常选用兆欧表来测量绝缘电阻值大小。

【标准条款】

> 4.9　安全标志
>
> 应符合 GB/T 34289 的要求。

【应用要点】

1. 此条款给出了场所的安全标志要求。
2. GB/T 34289—2017《健身器材和健身场所安全标志和标签》主要引用了 GB 2893—2008《安全色》、GB/T 2893.1—2013《图形符号　安全色和安全标志　第 1 部分：安全标志和安全标记的设计原则》、GB/T 2893.2—2008《图形符号　安全色和安全标志　第 2 部分：产品安全标签的设计原则》、GB/T 2893.3—2010《图形符号　安全色和安全标志　第 3 部分：安全标志用图形符号设计原则》、GB/T 2893.4—2013《图形符号　安全色和安全标志　第 4 部分：安全标志材料的色度属性和光度属性》、GB 2894—2008《安全标志及其使用导则》、GB/T 16903.1—2008《标志用图形符号表示规则　第 1 部分：公共信息图形符号的设计原则》、GB/T 16903.2—2013《标志用图形符号表示规则　第 2 部分：理解度测试方法》、GB/T 16903.3—2013《标志用图形符号表示规则　第 3 部分：感知性测试方法》等标准。在室外健身设施应用场所的设计、施工、验收施工时应满足此标准相关内容要求。

第三章

GB/T 34290—2017《公共体育设施　室外健身设施的配置与管理》应用指南

第一节　范　　围

【标准条款】

> 1　范围
>
> 本标准规定了公共体育设施中室外健身设施(以下简称"设施")配置与管理的术语和定义、总则、配置、管理和维护。
>
> 本标准适用于设置在室外供人们开展健身活动的器材和设备。

【应用要点】

1. 本章阐述了 GB/T 34290—2017 的术语和定义、总则、配置、管理和维护。
2. 确定本标准的适用范围,主要指室外健身器材类的器材和设备。

第二节　规范性引用文件

【标准条款】

> 2　规范性引用文件
>
> 下列文件对于本文件的应用是必不可少的。凡是注日期的引用文件,仅注日期的版本适用于本文件。凡是不注日期的引用文件,其最新版本(包括所有的修改单)适用于本文件。
>
> GB 19272　室外健身器材的安全　通用要求

【应用要点】

1. 列出了标准中的规范性引用文件。
2. 不注日期的引用文件,应采用最新版本的标准。

第三节　术语和定义

【标准条款】

> 3　术语和定义
>
> 下列术语和定义适用于本文件。
>
> 3.1
>
> **公共体育设施　public sports facilities**
>
> 由各级政府或其他社会组织提供的,向公众开放用于开展体育活动的体育场(馆)、场地、器材和设备。

【应用要点】

1. 明确了公共体育设施的提供方为各级政府，比如国家、省、市、县(区)、街道(乡镇)、居委会(村)；或其他社会组织，比如企业、学校、医院、社会团体等。
2. 明确了公共体育设施的服务对象，是面向公众，而不是指某一特定人群。
3. 明确了公共体育设施的目的，是用于开展体育活动。
4. 明确了公共体育设施包括的范围，包括如体育场(馆)、各类场地、室外健身器材和设备等。

【标准条款】

> 3.2
> **室外健身设施 outdoor fitness equipments**
> 设置在室外供人们开展健身活动的器材和设备。

【应用要点】

1. 指安装、固定于室外不易随意移动的器材和设备。
2. 锻炼者使用时具有健身功能的器材和设备。
3. 主要指在无人指导的情况下供人们自由使用的一类器材和设备，因而应具有更高的安全性能要求。

【标准条款】

> 3.3
> **设施管理单位 facility management unit**
> 设施的所有者和最终的接收组织。
> 注：设施管理单位包括：采购方、街道办事处、居民委员会或村民委员会等。

【应用要点】

1. 设施管理单位主要包括：采购方、街道办事处、社区居委会、村委会、公园(广场)管理部门、机关、企业事业组织等接收器材的组织和单位。
2. 设施采购方将其维护保养和管理职能转移至经有法律文本(如合同等)确定的设施接受主体组织。

第四节 总　　则

【标准条款】

> 4 总则
> 4.1 设施的配置和管理应考虑使用者的安全。
> 4.2 设施的配置应与区域建设规划相匹配。
> 4.3 设施应符合 GB 19272 等相关标准的要求。
> 4.4 设施安装后应经过设施管理单位和供应单位按合同约定共同验收合格后可投入使用。
> 4.5 设施的维护、保养和检查按照合同约定执行。

【应用要点】

1. 本章规定了室外健身设施配置和管理的总原则和要求。
2. 4.1 条款的规定首先考虑的因素是安全，包括使用安全和人身安全。含义如下：
   a) 设施的选配应具有安全性、科学性、合理性。不得因为配置的不当给使用者造成明显或潜在的安全隐患与风险，例如：

——配置明显达不到国家标准要求的不安全性器材；
——配置不符合人体运动学规律的产品和设备，设备选配的不合理、不科学等；
——敬老院配置不适合高龄老人的器材。

b）设施的管理应具有组织性、有效性。不应因为组织不健全和管理的不当或缺失，在使用器材时存在可见或潜在的不安全因素，例如管理组织的缺失或不健全、管理责权不明确、无人管理、器材的损坏及超过使用寿命等。

3. 4.2条款要求设施的配置应符合各区域总体规划中对公共体育设施的用地面积配建指标和设置规定要求。应符合下列要求和原则：

a）设施的配置应综合考虑周边环境、路网结构、公建与住宅布局、群体组合、绿地系统及空间环境等的内在联系，构成一个完善的、相对独立的有机整体；

b）设施的配置应处理好与建筑、道路、广场、院落、绿地之间及其与人的活动之间的相互关系；

c）设施在数量、种类、规模、用地面积的配置应考虑该区域的国民经济和社会发展水平、人口规模、人口结构、民族特性、气候、习俗和传统风貌等因素；

d）统一规划、合理布局、因地制宜、综合开发、配套建设的原则；

e）新建设施宜与住宅同步规划、同步施工、同步投入使用的原则；

f）人口集中、交通便利的选址原则；

g）统筹兼顾，优化配置的原则；

h）不产生对居民正常生活干扰的原则。

注：不同区域公共体育设施规划政策要求的举例：

《城市社区体育设施建设用地指标》

《北京市基层公共体育设施规范性建设指导意见》

《济南市公共体育设施专项规划》

《南京新建地区公共设施配套标准规划指引》

……

4. 4.3条款明确要求配置的室外健身设施应符合现行有效的国家标准要求。就是要求配建的产品和设备必须有质量的保证。室外健身器材必须符合GB 19272《室外健身器材的安全　通用要求》的要求，笼式足球场围网设施应符合GB/T 34279《笼式足球场围网设施安全　通用要求》的要求，中小学生器材的配置应符合GB/T 19851.1～GB/T 19851.22《中小学体育器材和场地》的要求等。

5. 4.4条款明确要求设施安装后经过验收合格后才可投入使用，验收规则在合同中约定。合格一般是指：

a）产品合格；

b）场地合格；

c）布置合格；

d）安装合格；

e）合同中约定的其他事项。

6. 4.5条款规定了设施的维护、保养和检查应在合同中约定，并按照约定执行，明确各方的权责。目的是保证产品在整个使用寿命周期内的正常使用及安全。

第五节 配　　置

【标准条款】

5　配置

5.1　综合配置

综合配置应考虑设施的功能性和适用人群，残障人士使用的设施还应考虑其特殊需求。

【应用要点】

1. 本章规定了室外健身设施配置的综合要求和选配及布置的要求。
2. 5.1 条规定了公共体育设施的配置要按照其功能不同、适用人群不同进行合理科学的配置，达到功能多样性适应全民健身要求，如：
   a）考虑人体不同部位肌肉结构锻炼需求配置上、下肢训练器材等；
   b）考虑特殊人群锻炼需求配置康复类器材等。

【标准条款】

5.2 选配

设施管理单位应根据场地的实际情况进行选配，要求如下：

a） 应配置信息说明牌。

b） 根据使用功能综合配置不同锻炼功能的设施种类，如：上肢锻炼、下肢锻炼、躯干锻炼、心肺功能、综合训练、益智、平衡功能等，按主要功能分类参见表 1。

表 1 按主要功能配置表

序号	主要功能	设施名称
1	上肢锻炼	单杠、双杠、鞍马训练器、天梯、臂力训练器、上肢牵引器、划船器、多功能推揉器、大转轮、肋木架、伸展器、太极推揉器等
2	下肢锻炼	漫步机、摸高器、骑马机、跷跷板、腿部按摩器、压腿训练器、蹬力器等
3	躯干锻炼	仰卧起坐板、伸腰伸背器、扭腰器、背部屈伸凳、腰背按摩器、俯卧撑架、钟摆扭腰器等
4	心肺功能	跷跷板、椭圆机、健身车等
5	综合训练	篮球架、乒乓球台、组合训练器、秋千、太空球、爬杆等
6	益智	棋牌桌、益智算盘等
7	平衡功能	平衡木、梅花桩等
8	其他	滑梯、摇摇马等

c） 考虑各类使用人群的需求配置相应的设施，如：儿童、青少年、中年人、老年人、残障人士群体，按使用人群配置参见表 2。

表 2 按使用人群配置表

序号	使用人群	设施名称
1	儿童	儿童滑梯、儿童跷跷板、摇摇马、太空球、爬杆等
2	青少年	肋木架、单杠、双杠、天梯、爬绳、爬杆、篮球架、乒乓球台、仰卧起坐板、秋千、梅花桩、摸高器、笼式足球围网设施等
3	中年人	坐推器、坐拉器、坐蹬器、漫步机、压腿训练器、篮球架、乒乓球台、单杠、双杠等
4	老年人	太极揉推器、腿部按摩器、腰背按摩器、转腰器、大转轮、漫步机、椭圆机、上肢牵引器、健身车、骑马机、棋牌桌、钟摆器、益智算盘等
5	残障人士	上肢训练器、下肢训练器、腰部训练器、腕关节训练器、踝关节训练器等

【应用要点】

1. 本章节规定了设施选配时需要根据场地的地势、位置、面积、周边人文、社区人群等情况进行选配器材。
2. 设施场地根据场地实际情况配置信息说明牌，用文字、图示和信息化方式进行安全警示信息等，如让使用者通过信息平台观看动画演示的产品说明和使用方法，实现智能健身，使健身运动更科学合理，设施场地需防止由于使用不当造成伤害的发生。
3. 安全信息说明牌应符合 GB/T 34289—2017《健身器材和健身场所安全标志和标签》第 5 章“健身场所安全信息牌设计”的要求，其他的如使用功能等信息说明可根据具体情况执行，信息说明牌见示例图示 3-5-1 所示。

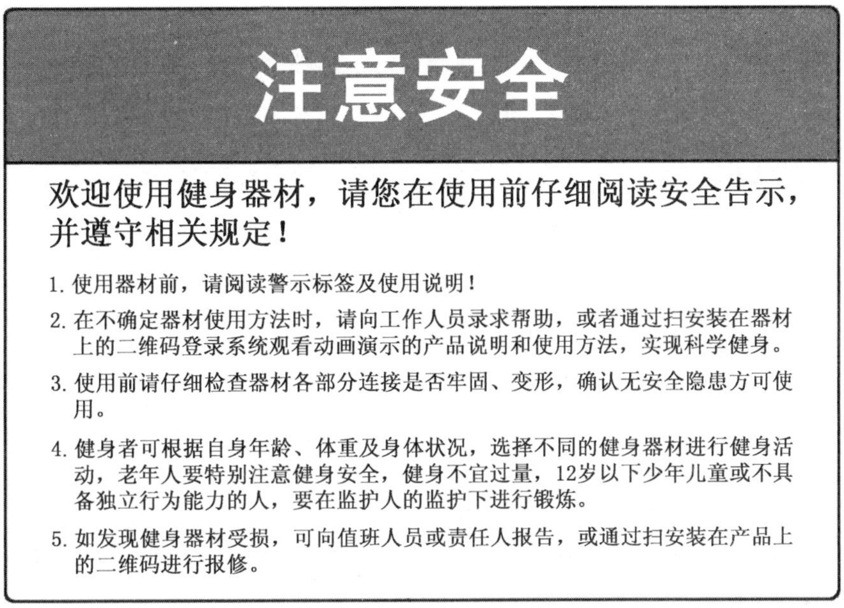

注意安全

欢迎使用健身器材，请您在使用前仔细阅读安全告示，并遵守相关规定！

1. 使用器材前，请阅读警示标签及使用说明！
2. 在不确定器材使用方法时，请向工作人员录求帮助，或者通过扫安装在器材上的二维码登录系统观看动画演示的产品说明和使用方法，实现科学健身。
3. 使用前请仔细检查器材各部分连接是否牢固、变形，确认无安全隐患方可使用。
4. 健身者可根据自身年龄、体重及身体状况，选择不同的健身器材进行健身活动，老年人要特别注意健身安全，健身不宜过量，12岁以下少年儿童或不具备独立行为能力的人，要在监护人的监护下进行锻炼。
5. 如发现健身器材受损，可向值班人员或责任人报告，或通过扫安装在产品上的二维码进行报修。

图 3-5-1　信息说明牌示例

4. 设施配置时需清楚各种设施的主要功能和注意事项，并根据锻炼部位不同划分为上肢锻炼、下肢锻炼、躯干锻炼、心肺功能、综合训练、益智、平衡功能等，配置时进行合理搭配：
   a) 上肢锻炼：主要对胸前区、腋区、三角肌区与肩胛区、臂部、肘部、前臂部和手部的锻炼；
   b) 下肢锻炼：主要对人体腹部以下部分包括臀部、股部、膝部、小腿部和足部的锻炼；
   c) 躯干锻炼：主要对人体除头、颈和四肢外的躯体部分的锻炼；
   d) 心肺功能：主要提高人体心脏泵血及肺部吸入氧气的能力的锻炼；
   e) 综合训练：对人体综合素质的锻炼；
   f) 益智：主要提高智力能力的锻炼等；
   g) 平衡功能：主要提高人体保持全身处于稳定状态能力的锻炼。
5. 设施配置时考虑各类使用人群的需求配置相应的设施：
   a) 儿童：儿童一般是指 14 岁以下人群。儿童时期关节发育不全、足弓尚未形成、肌肉力量小、身体可塑性大，适当的锻炼可以使幼儿身体各个部分得到锻炼，提高全身机能和整体素质、强化心脏、增强肌肉、增加柔韧性，幼儿的身体锻炼要结合这个阶段的心理特点进行全面、均衡、多样化的锻炼，同时要注意锻炼时的安全性。适合这类人群锻炼的设施配有：儿童滑梯、儿童跷跷板等。
   b) 青少年：一般是指少年和青年，为年龄段 14～44 岁的人群。青少年期是身体机能在高速增长的阶段，适当的体育锻炼能增强耐力、灵敏度、协调力，改善心血管功能，也让神经系统反应灵活，并且使身体新陈代谢活跃，改善消化功能，同时有助于发展智力调节情绪，陶冶情操。适合这类人群锻炼的设施配有：肋木架、单杠等。

c）中年人：一般是指45～59岁年龄段人群。中年时期各系统、器官和组织的生理功能变开始从完全的成熟逐渐走向衰退，参加体育活动能有效降低患心血管疾病、患高血压，中风和冠心病、患肥胖症的危险。适合这类人群锻炼的设施配有：坐推器、坐拉器等。

d）老年人：一般是指60岁以上年龄段人群。随着年龄的增长，各种慢性疾病发病率在不断上升，体育锻炼不仅增进机体能量的消耗，还可以增强心血管和呼吸系统的功能，加强肌肉代谢能力，对促进人体健康有利，长期进行有规律的有氧运动在改善其功能的同时，还能缓解和延迟其老化。适合这类人群锻炼的设施配有：太极揉推器、腿部按摩器等。

e）残障人士通过体育锻炼可医疗疾患并具备康复功能，同时增进健康，丰富业余文化生活。适合这类人群锻炼的设施配有上肢训练器、下肢训练器等。

6. 设施选配方案参考本章的案例一“综合配置方案”和案例二“智慧体育公园配置规划方案”。

【标准条款】

> 5.3　布置
>
> 设施管理单位对设施的布置要求如下：
>
> a）应将信息牌安装在场地的主入口处或醒目位置。
>
> b）应根据配置器材和设备的安装要求提供足够的安装场地空间和区域，具有相同安装地面要求的设施宜在同一区域集中布置。
>
> c）应根据适用群体的不同对设施进行分区域布置，如：儿童区、青少年区、中年人区、老年人区、残障人士区等。

【应用要点】

1. 本条款对设施管理单位在设施布置方面提出要求：

a）应将设施锻炼功能、适用人群等信息在场地周边或设施上明示，以便于使用者合理选用和安全使用。

b）设施安装空间和区域应符合GB 19272《室外健身器材的安全　通用要求》的要求，避免使用者运动时发生干涉而造成伤害，有相同安装地面要求的器材集中布置，以方便管理和场地规范，例如：需铺设缓冲层的器材集中布置同一区域等，设施安装相同地面材料的布置示例如图3-5-2所示。

图3-5-2　设施安装相同地面材料的布置示例

c）对不同适用人群所用设施应分区域布置，以免混用造成人身伤害及设施不正常损坏。例如：儿童适用设施不宜与青少年适用设施安装在同一区域：

——具有相同安装地面要求的设施推荐安装在同一区域集中布置，如单杠、双杠、天梯、肋木架等具有同样的跌落防护、碰撞防护等要求的设施最后集中布置，既节约场地也节省安装成本；

——安装器材和设备应根据不同群体进行分区域布置，如：儿童区、青少年区、中年人区、老年人区、残障人士区等。这样便于实施的管理、便于各群体间的交流。尤其是儿童区、老年人区、残障人士区更多的是体现使用的安全性和相对独立性。

2. 设施布置按不同使用人群分区，参考本章案例三“全人群智能体育公园布置项目”和案例四“社区公园改造布置项目”。

第六节　管　　理

【标准条款】

> 6　管理
>
> 6.1　管理制度
>
> 6.1.1　设施管理单位应建立管理组织架构、管理制度、检查维护制度。

【应用要点】

1. 本章规定了设施管理单位的管理要求。

2. 6.1.1 条款规定了设施管理单位应建立管理制度。

3. 管理组织架构中应明确设施负责管理和维护的总责任人，根据实际情况制定详细的设施管理、报修、维修和维护、报废各个环节的流程并确定相关责任人，各人员应经过培训具有与设施相关的基本常识和管理知识。

【标准条款】

> 6.1.2　设施管理单位应建立设施档案，档案保管时间应与设施使用时间一致。

【应用要点】

本条款规定了设施管理单位在设施的管理过程中要建立《设施管理台账》《设施安装检查表》《设施检查表》等档案，在设施需要报废时应办理《设施报废单》等手续，档案中应有设备使用状态、安装和使用时间和档案建立时间、详细地点、管理员姓名及联系电话等内容，另可附设施的场地照片等信息用来辅助说明，并确保内容真实有效。

【标准条款】

> 6.1.3　设施管理单位应有维护保养记录。

【应用要点】

1. 本条款规定了维护保养记录。

2. 详细的设施维护保养记录能有效地降低管理成本，它对设施的使用寿命周期进行全过程的管理能有效提高设施使用率并大大降低使用风险。因此，做好设施的维护保养记录很有必要。

3. 在设施的日常维护和维修中应做好《设施维护维修记录表》，表中应有设施的场地照片、具体的维修和维护时间、详细地点、管理员姓名及联系电话等用来详细辅助说明的内容，并确保内容真实有效，设施维护维修记录表见表 3-6-1。

表 3-6-1　设施维护维修记录表

<table>
<tr><td>安装单位名称</td><td></td><td>安装日期</td><td></td></tr>
<tr><td>安装地址</td><td></td><td>器材管理责任人及电话</td><td></td></tr>
<tr><td colspan="4">预埋件松动（　件）、转轴磨损（　件）、基础松动（　件）、基础下沉（　件）、基础歪斜（　件）、涂饰件涂层脱落（　件）、支架开裂（　件）</td></tr>
<tr><td colspan="4">故障原因分析：自然损坏（　件）人为损坏（　件）质量原因损坏（　件）设计原因损坏（　件）备注：</td></tr>
<tr><td>产品型号</td><td>产品名称</td><td>维护维修项目和内容</td><td>更换零部件</td></tr>
<tr><td></td><td></td><td></td><td></td></tr>
<tr><td></td><td></td><td></td><td></td></tr>
<tr><td></td><td></td><td></td><td></td></tr>
<tr><td></td><td></td><td></td><td></td></tr>
<tr><td></td><td></td><td></td><td></td></tr>
<tr><td colspan="4">为了使您得到更好的服务，请对本次服务进行评价：
质量问题的处理：很及时□ 及时□ 一般□ 不及时□ 很不及时□；维修单位的联系渠道：很畅通□ 畅通□ 一般□ 不畅通□ 很不畅通□
服务人员的专业性：很及时□ 及时□ 一般□ 不及时□ 很不及时□；服务人员的态度：很好□ 好□ 一般□ 不好□ 很不好□</td></tr>
<tr><td colspan="2">维护维修责任人：</td><td colspan="2">器件管理责任人（签字或盖章）：</td></tr>
<tr><td colspan="2">维护维修责任人时间：　　年　　月　　日</td><td colspan="2">器材管理责任人电话/手机：</td></tr>
</table>

【标准条款】

> **6.2　管理职责**
>
> 6.2.1　设施管理单位应组织对设施管理人员进行设施的使用、维护和管理的培训。
>
> 6.2.2　设施管理人员应了解掌握设施相关的基本常识和管理知识。如设施的品牌、名称、规格型号、功能、适用范围、安全使用寿命、正确使用方法、一般的机械电器常识、相关的注意事项和安全警示要求等。

【应用要点】

1. 设施的维护和管理需专人负责。

2. 设施管理人员需培训上岗。

3. 设施管理人员需了解设施各项参数、锻炼功能、使用方法、注意事项等，分清哪些是易损件，并知道怎么检查器材转轴部分、限位等结构是否运转良好，同时知道怎么对设施进行防锈、涂漆、调试、打油等维护保养方法。以太空漫步机举列说明，设施管理人员应了解以下内容：

（1）各项参数包括：器材名称（单联太空漫步机）、型号（××-××）、生产厂商、使用寿命等；

（2）锻炼功能：主要锻炼下肢，增进心肺功能，提高心血管耐力，特别适用于老年人；

（3）正确使用方法：双手握把，两脚分踏于两个踏板上，做自然交替摆动，进行漫步动作；

（4）注意事项：

a）有脑晕者应谨慎使用；

b）器材使用时，在器材碰撞区域严禁站人；

c）跌落空间内不得有无助安全的异物；

d）该器材通常可供 1 人使用，严禁 2 人及 2 人以上同时使用；

e）本器材允许使用者的最大质量为 120 kg，设计的训练载荷最大为 160 kg；

f）运动时匀速缓慢进行，用力不要太猛，严禁在器材上攀爬、悬挂、嬉戏；

g）儿童使用时，应有成年人监护。

4. 在设施的使用过程中,设施管理人员应提供科学健身指导服务,指导健身者合理使用设施,及时发现设施隐患,杜绝事故的发生。

【标准条款】

> 6.2.3　设施管理人员更换时,应办理移交手续。

【应用要点】

设备管理人员更换时要办理《设施管理台账》《设施安装检查表》《设施检查表》《设施维护维修记录表》《设施报废单》等资料的交接手续,确保设施管理与维护到位。

【标准条款】

> 6.2.4　设施管理单位的档案和维护维修等记录由专人负责管理。

【应用要点】

1. 设施的档案和维护维修记录需建立管理保存制度,对档案的保存、借用、更换、销毁等进行规定,档案保存时效至少应与器材使用年限相一致。
2. 设施管理单位需有专人对设施档案和维修记录进行管理,负责档案的收集和建立归类保存和借阅等相关工作。

【标准条款】

> 6.2.5　设施安装后,设施管理部门或使用单位应检查验收,由安装者填写设施检查文件,管理人员和安装人员共同签字确认。

【应用要点】

1. 设施必须由专业人员或者在专业人员的指导下进行安装。
2. 安装者需填写设施检查文件。
3. 设施安装后需设施管理部门或使用单位验收并签字确认。

第七节　维　　护

【标准条款】

> 7　维护
>
> **7.1　设施的检查**
>
> 7.1.1　专业人员按照合同约定进行专业检查。
>
> 7.1.2　设施管理单位应对设施定期进行检查,并做好相关记录,检查的项目参见表3。
>
> 7.1.3　设施损坏或存在不安全因素,使用单位无法解决和排除时,应在设施的明显位置挂牌警示停止使用,并及时通知设施销售商和制造商进行维修。

表3　设施检查项目

序号	检查项目	检查内容	检查方式	检查周期
1	环境	场地有无杂物、是否平整、破损	目测	日检
2	整体及零部件外观	整体及零部件外观有无破损、变形	目测	日检
3	易损件	检查易损件的损坏	目测	日检
4	紧固件	紧固件是否松动、脱落	实际操作	月检

表 3（续）

序号	检查项目	检查内容	检查方式	检查周期
5	表面涂层	有无锈蚀、脱漆	目测	月检
6	是否顺畅使用	具有转动、滑动、摆动等活动功能的零部件，应保证使用功能正常	实际操作	月检
7	异常声响	运行时有无异常声响	实际操作、感官	月检
8	构件	构件完整、功能良好，无开焊、断裂、明显变形、松动及运行失效	目测、实际操作	季检
9	稳定性	设施是否有松动、晃动	实际操作	年检
10	完整性	功能性检查	目测、实际操作	年检

【应用要点】

1. 本章规定了室外健身器材的定期检查要求。目的是能及时发现问题，并进行维护、保养及维修等消除安全隐患，确保设施的安全使用。
2. 设施检查维护保养工作可以由管理单位委托第三方按合同约定要求实施，受委托方由专业人员按合同内容要求进行检查维护保养，设施管理单位对实施的工作进行监督，每次检查的记录应至少一式二份签字盖章，其中一份交设施管理单位保存。
3. 专业人员是指受过专业的培训指导，熟悉室外健身器材执行的产品标准以及安装、维护和保养等要求。
4. 设施管理单位可以通过二维码、互联网、物联网及先进的动态信息管理技术提高管理效率，利用信息化系统管理对设施进行维护，将每件器材维护保养的详尽信息用系统来进行全面管理（如：器材的数量、维护保养提醒、维护保养后图片上传、报废时间前置提醒等）。目前，使用信息管理系统如全民健身工程室外器材二维码管理系统，对安装的公共体育设施进行信息化管理，全民健身工程室外器材二维码管理系统界面的示例如图 3-7-1 所示。

a) 用户登录

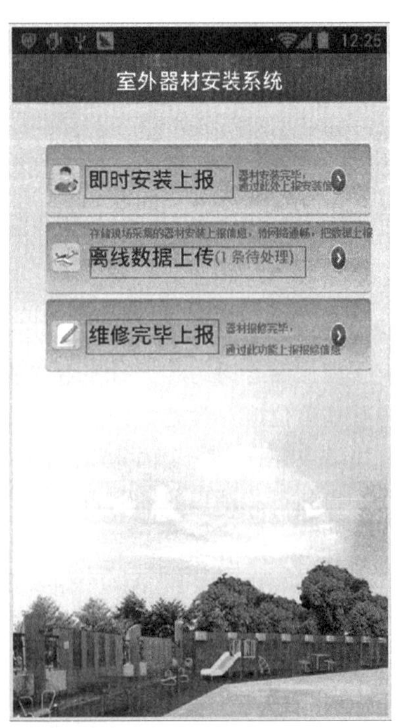

b) 室外器材安装系统

图 3-7-1 全民健身工程室外器材二维码管理系统界面

5. 组织专人对设施每天进行日常检查，每月进行一次常规检查，每季进行一次可操作检查，每年进行一次维修检查。检查维护保养工作应确保场地平整，卫生整洁，设施使用状态良好，并做好日常巡查及维修保养记录，若发现事故隐患，应及时做出警示，迅速联系专业人员维修。

6. 设施管理单位对设施制定检查，检查的项目、内容、周期等要求参见本标准表3，表中给出的内容是通用检查项目的参考，便于管理单位制定检查要求使用，但不仅限于表中的检查项目，可以根据安装的器材制定针对性的检查项目方案，检查项目方案参考表3-7-1，由管理人员或委托第三方实施日检、月检、季检、年检工作，保证设施如有问题能够及时发现。

表 3-7-1 设施检查项目

<table>
<tr><th>序号</th><th colspan="2">检查项目</th><th>检查内容</th><th>检查方式</th><th>检查周期</th></tr>
<tr><td>1</td><td colspan="2">整体及零部件外观</td><td>整体及零部件外观有无破损、变形</td><td>目测</td><td>月检</td></tr>
<tr><td>2</td><td colspan="2">易损件</td><td>检查易损件的损坏</td><td>目测</td><td>月检</td></tr>
<tr><td>3</td><td colspan="2">紧固件</td><td>紧固件是否松动、脱落</td><td>实际操作</td><td>月检</td></tr>
<tr><td>4</td><td colspan="2">是否顺畅使用</td><td>具有转动、滑动、摆动等活动性能的零部件，应保证使用功能正常</td><td>实际操作</td><td>月检</td></tr>
<tr><td>5</td><td colspan="2">异常声响</td><td>运行时有无异常声响</td><td>实际操作、感官</td><td>月检</td></tr>
<tr><td>6</td><td colspan="2">构件</td><td>构件完整、性能良好，无开焊、断裂、明显变形永久性变形、松动及运行失效的情况</td><td>目测、实际操作</td><td>季检</td></tr>
<tr><td>7</td><td colspan="2">表面涂层</td><td>有无大面积锈蚀、脱漆</td><td>目测</td><td>月检</td></tr>
<tr><td>8</td><td colspan="2">稳定性</td><td>设施是否有松动、晃动</td><td>实际操作</td><td>季检</td></tr>
<tr><td>9</td><td colspan="2">标识</td><td>有无标识(名称、型号、安装日期等)</td><td>目测</td><td>季检</td></tr>
<tr><td>10</td><td colspan="2">使用寿命</td><td>根据安装日期判断是否超出安全使用寿命期限</td><td>目测</td><td>季检</td></tr>
<tr><td rowspan="8">11</td><td rowspan="8">结构</td><td>功能性</td><td>正常运行使用</td><td>目测、实际操作</td><td>年检</td></tr>
<tr><td>剪切、卡夹、挤压</td><td>开口结构不应对头、颈产生卡夹</td><td>试棒</td><td>年检</td></tr>
<tr><td>身体卡夹</td><td>活动部件与地面可能挤压使用者身体时，活动部件底部距地高度大于400 mm，如蹬力器</td><td>卷尺</td><td>年检</td></tr>
<tr><td rowspan="2">脚的卡夹</td><td>活动部件底面与地面或其他部件的间距应不小于80 mm</td><td>卷尺</td><td>年检</td></tr>
<tr><td>用于行走的表面在主运动方向的间隙应不大于30 mm，如仰卧板</td><td>试棒</td><td>年检</td></tr>
<tr><td>手及手指剪切、挤压和卡夹</td><td>危机手指间隙应不小于30 mm或应小于8 mm</td><td>试棒</td><td>年检</td></tr>
<tr><td>双杠内侧距离</td><td>双杠的两杠内测距离应为390 mm～550 mm</td><td>卷尺</td><td>年检</td></tr>
<tr><td>自重式器材</td><td>自重式器材活动部件的下底面距地面的最小高度应为120 mm</td><td>卷尺</td><td>年检</td></tr>
</table>

续表 3-7-1

序号	检查项目		检查内容	检查方式	检查周期
11	结构	漫步机	漫步机单侧摆动幅度应不大于 65°，踏板下缘距地面最小高度应小于 80 mm，两踏板间距应不小于 100 mm	角度仪和卷尺	年检
		跷跷板	座位底部距地面的距离应不小于 230 mm	卷尺或试棒	年检
		阻尼	旋转类(如扭腰器、太极揉推器、大转轮等)应设置阻尼装置	转动，实际操作	年检
		使用者站在器材下面活动部件的距离	使用者在器材下面的，活动杆件底部距地面间的距离应不小于 1 850 mm(如上肢牵引器、吊环等)	卷尺	年检

7. 检查过程中如发现器材功能损坏或存在重大不安全因素，立即通知设施管理单位要求停止使用，同时在明显位置悬挂警示标志“存在安全隐患禁止使用”或围警示隔离带等提醒使用者防止使用，并及时通知器材销售商或制造商进行维修。

【标准条款】

7.2 设施的维护与保养

7.2.1 按合同约定进行设施的维护和保养。

7.2.2 设施管理单位无法处理时，应直接向供货商反馈、沟通、协商，并由供货商进行维修。

7.2.3 设施的供货商维修人员在器材安装点维护维修完毕后，应填写维修记录，双方签字确认。

【应用要点】

1. 7.2 条款规定了设施的维护与保养，采取必要的方法和保养材料对设施进行例行的维护保养操作，提高室外健身器材的性能和寿命。
2. 设施的维护与保养是以预防为主，一般可以分为例行保养、周期性保养。设施维护保养应从外观、功能和安全等方面进行要求，设施维护保养要求参见表 3-7-2。

表 3-7-2 设施维护保养要求

序号	项　　目	要　　求
1	防锈	——全面覆盖脱漆区域； ——漆面均匀牢固； ——与原漆无明显色差
2	易损件	——磨损值达到更换要求的进行更换； ——更换的易损件规格必须符合设计要求； ——更换后器材功能完整，使用顺畅
3	紧固件	——无松动现象； ——紧固件生锈严重或损坏立即更换

3. 设施维护与保养工作可以由管理单位委托第三方按合同约定要求实施，由专业人员按合同内容要求进行检查、维护和保养，设施管理单位对专业检查的实施工作进行监督。
4. 设施管理单位对设施制定检查、维护与保养计划，根据要求进行维护与保养，保证设施安全使用；当设施管理单位无法处理时，向供货商反馈、沟通、协商，并由供货商安排进行维修。
5. 设施维修完毕后应有维修记录并双方签字确认。

【标准条款】

> 7.3　设施报废
>
> 设施丧失使用功能无法修复或达到安全使用寿命期限，设施管理单位应报废拆除。

【应用要点】

1. 本条款规定了设施报废要求。
2. 为确保设施的安全使用，通过定期检查掌握使用状态，设施损坏失去使用功能而无法维修或没有维修价值，以及超过标准规定的安全使用期的设施，管理单位负责及时拆除。

案例一：综合配置方案

室外健身设施在设备和设施综合配置时应遵循以下原则。

一、基本原则

在采购、配置室外健身设施时应综合考虑以下原则：

a）使用功能的适用性、多样性、协调性、覆盖性；

b）适用人群的均衡性、广泛性；

c）残障人群的使用需求，应配置一些适合残障人士使用的器材和设备。同时也得考虑无障碍通道的设置，这主要体现了对残障人群的人文关怀，是社会文明进步的重要标志。设施的配置除了要考虑儿童、青少年、中年人、老年人的健身需求，同时要兼顾残障人士群体，使广大残障人士在体育健身活动中增强体质，愉悦身心，增进交流，享受快乐，激发了他们热爱生活、乐观向上的信心和热情。

二、残障人士健身设施的要求

残障人士适用的健身设施应满足GB 19272—2011《室外健身器材的安全通用要求》、GB/T 19851.1～GB/T 19851.22《中小学体育器材和场地》等国家标准，还应根据残障人士身体需求进行设计，并具有安全性、可操作性、舒适性和适应性。

三、设施的功能性要求

设施的功能性考虑人体不同部位肌肉结构锻炼需求配置包括上肢、下肢及全身运动等。

四、气候和地理区域的适用性要求

根据气候和地理区域的特点，设置适宜的健身设施安装场所。

五、配置的综合性要求

室外健身设施在设备和设施综合配置时应全面考虑场地情况，尤其是设施的安全性，具体要求如下：

(1) 与周围环境交融，充分利用自然地形，简化设计。

(2) 注意场地草木情况，尊重原有树木，将它们考虑到设计当中；

a）植物可以提高空气质量，是雨水和阳光的保护伞，密集的植物能够挡风和减少噪声；

b）引进新的植物和树木需考虑教育性，例如落叶植物，在冬天阳光可以透过树木射进林子里，在夏天可以挡住阳光，提供阴凉的地方，并且通过植物果实的成熟，使用者可以了解到四季的转变，生命轮回；

c）健身活动通常对草木有很大的伤害性，特别是灌木丛和其他矮小的草木，因此加入新的草木品种时，生存能力强和易再生长的树木是首选。

（3）尽量利用自然水源，将其融入设计中，因为儿童尤其喜欢水，水生态系统为儿童了解自然提供丰富的资源。小溪、运河、池塘、喷泉和洒水装置都可以建造，并具有吸引力。在一个自给自足的湿地，水的消耗以及排泄都需要很好地控制。为了安全起见，水应该是可以喝的，水的深度应该为 35 cm～40 cm。为了减少滑倒的风险，水域应该有一个明显的界限，并且要用防滑材料，旁边应有可以供成年人坐的地方，以便监督。

（4）健身场地应与危险区域隔离开，并有明确的指示通道：

a）为了安全起见，健身场地的边界应该精心设计，当有些区域安全无法控制的时候，例如周围的道路，就可以利用自然资源如灌木丛将其隔开，或利用人工的墙和栅栏；

b）儿童非常热衷在健身设施上蹦蹦跳跳，所以设施在设计的时候，要避免让儿童觉得容易攀爬，可以通过控制这些设施的高度与表面，让儿童没有爬上去坐在上面或站在上面的欲望；

c）要确保健身场地的入口和出口容易找到，并与外面的主要道路和交通要道有很好的连接。

（5）如果有足够的空间，并且在安全性有保证的情况下，在健身场地中可设计一块供滑冰、骑单车甚至是骑三轮车的地方：

a）中型和大型的单车、冰鞋和其他具有危险速度的设备，对健身场地的其他人有危险，因此要设计专门的行车路线和其他区域隔开。这些路线可以和主要通道平行或者完全没有联系，并且要有明显的区分界限。

b）单车道也应该设计，如果没有单车道，放置单车的地方应在靠近入口的地方，以方便人们拿取。单车道还应该有清晰的界限标明。

六、对空间环境和健身设施布局的要求

注重健身设施对空间环境的需求，以及互相之间的组合关系，保证一定的组织性。

（1）根据功能与用途的标准来建立空间关系，团体性活动区域与个体活动区域分开，嘈杂的体力活动区域与安静的活动区域分开等，如棋牌休闲区与儿童健身区分开、竞力区独立设置。

（2）不同的活动或不能兼容的活动应被分开，可以通过物体、视觉或听觉上的标记予以区分。但无论怎样布局，都要注意专供小孩子玩耍的区域是否可以被容易辨认出。

七、无障碍设计的要求

注重无障碍设计，让各种健身人群可以在空间里自由移动，尤其是小孩子和残障人士（含儿童）。

（1）确保无障碍空间不仅是挪出可能会阻碍空间使用的设备和物品，也包括设计专门的设施满足所有健身娱乐人群的需求。

（2）设计鼓励孩子一起玩的空间，创造利于社会交往的美好环境，所有的儿童都应该得到在操场上玩乐的平等机会，应当设计让他们一起交流和学习的空间。

（3）场地中应设计不同类型的小道，这些小道应该和主道相连，以便可以轻松找到。小道可以重叠、分开，不但可以丰富公园的设计，还能提供多种路线，但任何情况下都应避免设计狭窄的小道和死胡同，以免健身人群在这些地方碰撞。还可以为自行车、三轮车和轮椅设计专门通道，和其他通道分开。

（4）注意通道和路线分布，确保平等的锻炼和玩乐机会。例如，楼梯和斜坡配以扶梯，就可以给体力不支的儿童和残障人士提供方便，如果不能让道路变得平坦，我们可以设计坡度小于 5% 的坡道，并隔断配以可以休息的地方。

（5）路线的安装或空间标准如下：

a）适应性，是否满足行动不便或感官能力有缺陷的人们对功能和空间的需求。

b）实用性，是否符合行动不便或感官能力有缺陷的人们最起码的使用条件。

c）改变性，是否可以通过低成本、简单的改变就可以拥有适应性和实用性。

项　　目	适应性	实用性	改变性
宽度	90 cm～180 cm	90 cm～120 cm	90cm
最大纵向坡度（坡道）	6%～8%	8%～10%	10%～12%
最大横向坡度	2%	3%	5%

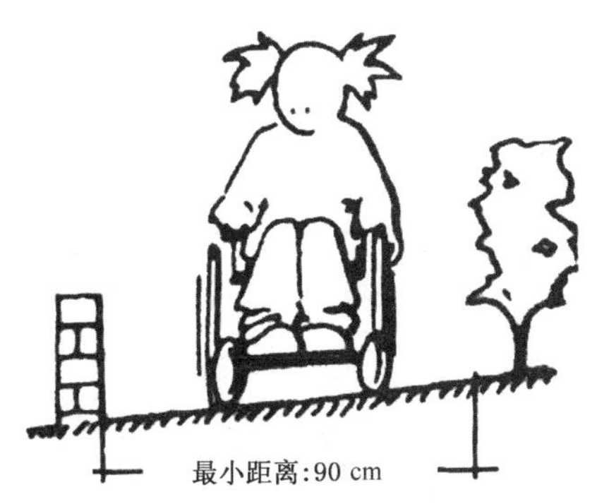

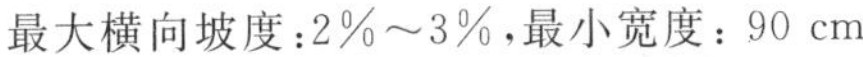

最大横向坡度：2%～3%，最小宽度：90 cm

最大纵向坡度：6%～8%

（6）在陡峭的斜坡处很容易发生摔倒等意外事故，所以，这些地方应该设计扶手或绳索。例如，人行道应该设有缓冲点和缓冲区域。另外，为了方便视力不好的人们，在不同的小道上可采用容易辨别的材料加以区分。

（7）人行道设计要求。绳索和扶手这些固定装置需满足在固定点和特别区域的接触程度，以及不同垂直面上的角度。这些固定装置都不应该在人们可涉足的范围之内，而且应高于 2.1 m。当小道水平面有所变化时，路径应标明，并且要有扶手。

当小道水平面有变化时，路径应标明，并且要有扶手

哪里有障碍物哪里就有扶手

（8）台阶和楼梯设计要求。与外表相反，楼梯对于行动不便的人来说比坡道更为舒服。因此，我们应该注意这方面的设计，符合公共场所建设的有关规定。健身设施场地中的台阶和楼梯不同于常规，设计必须遵守尺寸和安全系数的特别规定。这两种常见类型的特点是：楼梯应该不断倾斜，台阶应该是等距的，并且统一建造。特别是长楼梯，在设计时应隔段就有一个缓冲平台，并且楼梯表面应铺上防滑材料，避免滑倒和摔倒。此外，扶手应设计在楼梯两侧能够触摸到的地方，以确保所有人都能安全使用。

（9）坡道设计要求。坡道倾斜的表面特别容易让行动不便的人感到劳累；一个过长或倾斜角度不合适的坡道是无法使用的。因此，设计时要充分考虑到坡道的长度以及倾斜的角度，保证使用的舒适和有效。斜坡表面坡度为 5%～10%，极端情况下可达到 12%。坡度的倾斜度应始终保持一致。如果根据实际需要，坡道必须很长，那么坡道就应该被分解成一个个较短的路段，并在每个路段之后用一个平台来缓冲。扶手或墙面应该从最低处开始设计,表面要设计成防滑的。

(10) 石块路面。健身场地中,由于所处的位置的必需性和特殊性,各种不同的路面需要用不同的材料铺垫,因此,人行路铺设所需要的材料就与摇摆和滑动区域不一样,因为这些区域特别容易滑倒。一般情况下,不管环境是干还是湿,路面铺设都应该稳固、坚定,质地既不太硬也不能太软,铺设过程中不能避免的结合处应不妨碍轮椅和拐杖的使用。在铺设中,不同质地、不同颜色材料的运用,可以达到一个意想不到的效果,不仅具有传递信息的功能,还具有美学功能。通常我们会在一些通向不同健身功能区域的叉路口提供路向指示信息,从一个地方到另一个地方的过渡中会用到这些设计。另外,质地的改变有利于盲童,而颜色的改变有利于视障儿童。

八、休息区域的要求

(1) 较大的健身场地需隔断设计休息区,区域不超过 200 m,必须符合相应的设施。

(2) 休息区域可以由一排长椅或其他可以遮风挡雨的地方构成,需充分考虑轮椅的使用需求,长椅旁边设计一个直径为 1.5 m 的空地,以供轮椅使用者随意移动。

(3) 休息区域不应设置在一些边缘区域,因为一般边缘区域的一个重要功能是鼓励健身人群与他人交往,因此休息区域应该是健身区的附件,显示不同特点,旨在为不同年龄阶段的人群服务。

在长椅附近有专门为轮椅设计的区域

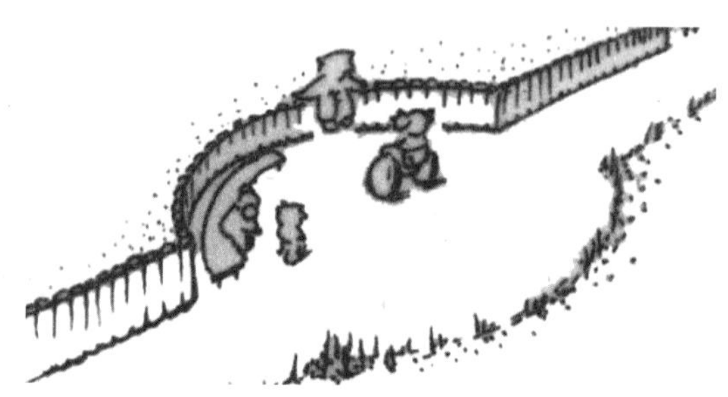

休息区域能够鼓励孩子们交往

九、材料选用的要求

所选材料应方便耐用、卫生和易于维护,既不要用潜在的有毒元素,也不要用原料金属。金属应刷漆、镀锌或者以其他方式处理防止生锈。如果选择合成材料,它们也必须足够坚固耐用,以避免分裂和开裂。

十、沙子与泥巴的要求

儿童在任何时间、任何地点都很喜欢玩沙子和泥巴。他们可以去玩挖,去建造、雕刻、装满和掏空,也可以把沙子、泥巴和水混在一起玩。

(1) 这种区域,需要的是一个安静、有阳光射进并能挡风的地方。这种区域也需要和大孩子玩的区域分开,因为这些区域的设施都非常高。我们可以利用栅栏、墙或灌木把他们分开,同时也创造一个安静的惬意的环境。

(2) 通常是年龄较小的孩子喜欢和沙子、泥巴玩耍,但这需要有成年人在那里监督,因此区域旁边需要设计长椅或者其他可以坐的地方。

(3) 如果有排水系统,沙盒的部分也可以转换为泥巴。但要记住,有沙子的地方不适合放置轮椅,所以可以加高沙盒的高度,让坐在轮椅上儿童也可以很轻松地碰到沙子。

玩沙子的区域应该避风,有阳光,
也要有阴凉的地方

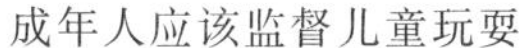

成年人应该监督儿童玩耍

不同高度的沙盒便于坐在轮椅上的儿童

(4) 也可以引进不同种类的沙子，为儿童提供不同的触觉体验。沙子需定期移动、清洁和更新，以免硬化，避免碰伤。

十一、智能化设施的要求

(1) 健身步道的趣味化、科学化、智能化设置：

a) 利用二维码、互联网、物联网、后台管理端的运动健康专家系统平台的支持实现科学健身云管理，采用最新的人体运动模式算法。

b) 通过通讯设备、智能设备的互动实现了人、场景以及科学数据的结合，科学记录和分析运动的锻炼次数、时间、步长、步数、步频、里程数等数据，结合每位运动个体自身的生理特征，实时反映能量消耗；还能获知运动排名，增强趣味性；专属音乐库提供各运动人群合适节拍的运动音乐和健身步道的自然环境相融合，打造愉悦、动感的运动场景，让民众更愿意参与步道健身；同时，在享受智道健身快乐中还能得到科学健身指导和专业团队提供的科学数据及运动评价。

c) 通过针对每条步道的特性和智能化的设置，将收集到的用户数据进行该步道的专属赛道排名，以及本城市排名甚至是全国性的排名，这种健康比拼的方式会使得民众更乐于步道健身，更依赖于这种场景化的运动。

(2) 户外健身区域的智慧化、科学化管理云平台设置：

a) 随着移动互联网的发展，移动终端的爆发增长，无线终端和无线应用的快速普及，极大地推动了无线网络的发展。为响应国家关于智慧城市的建设，方便民众共享科技成果，提高民众生活素质，建议在户外健身区域增设相关设施。

b) 能为民众解决在健身运动区域免费高速上网的需求；能为民众提供在健身运动区域收看科学健身视频，进行健身科普和科学健身指导。

c) 可帮助体育设施管理者和全民健身管理机构实现可视化的舆情分析，政务信息发布和应急管理：

——能进行区域内人流数据和人流上网数据的采集；

——能提供区域内无线人流分析；分析出哪个区域更受民众欢迎，哪些不受欢迎，从而为户外健身设施的管理者提供有效的参考数据；

——提供区域内热点直观显示（历史热图、当前热图显示）、新老健身人员记录、峰谷时段、入场频率等；

——能提供区域内政务信息、天气信息实时推送，应急通知的即时发送。

(3) 户外健身区域的多媒体可视化系统（大屏显示系统）设置。在健身区域里设置大屏显示系统（该设施可进行智能开关机和远程控制），通过智慧体育的管理平台，实现科学健身知识普及、科学健身视频教学、政务信息发布、重大节日活动和紧急预警信息的发布，场所管理者可根据实际需求制定信息发布规则，也可投入到商业运营和公益服务，还可作为商业路段广告运营的载体，提升整体形象。

(4) 户外健身区域的环境监测系统设置。对天气环境进行时刻监测，对温度、湿度、PM2.5、噪声、光照强度等参数做实时监控，将采集来的数据进行分析整理，并在本区域内进行实时发布，方便健身民众时时了解运动场景。

(5) 户外健身区域的视频监控系统设置。通过摄像机及辅助设备对健身场所的情况可进行实时查看、记录，可及时地对现场的突发事件进行处理，并对现场情况进行实时记录，为户外健身区域的管理提供便利。

(6) 户外健身区域的人流分析统计系统设置。基于智能视频识别技术和大数据分析研发而成的人流分析统计系统，对健身区域场所进行人流信息(人数和密度)自动采集、人流预测和预警分析、人流引导和紧急疏散。

(7) 户外健身区域的智能音响播放系统设置。智能广播系统基于 IP 网络的数字广播系统(该设施可进行智能开关机和远程控制)，是公共场所必备的营造环境及信息发布的系统之一，并在必要时提供人工广播功能。该系统能协助处理公共场所内的突发事件，比如人员走失、失物招领、紧急疏散，并在公共场所开放时间内播放背景音乐，营造轻松愉快的气氛。

(8) 户外健身区域的紧急呼救系统设置。紧急呼叫系统是专用于在紧急情况下紧急求救、应急呼叫系统，实现方便快速报警和求救。为区域内的突发事件，提供便捷应急求救渠道，为民众意外伤害争取最佳的处理时间。

(9) 户外健身区域的器材管理系统设置：

a) 通过二维码、互联网、物联网及先进的动态管理技术的综合运用，成功便捷、智能化完成了户外健身器材的实时监控和及时维护管理体系的建立，同时通过移动互联网传递，后台管理端的运动健康专家系统平台的支持实现科学健身云管理，实时提供科学健身视频指导，并且通过数据可视化过程，将冷冰冰的数字报表及日志，转化成了更为直观、清晰、专业的图表。

b) 健身器材管理系统：管理者通过健身器材管理系统能便捷了解器械各种实时信息，利用系统来提示厂家、维修商以及职能机构是否需要对器材进行维护，将每件器材的详尽信息用系统来进行全面管理(如：器材的数量、生产日期、安装时间、具体 GPS 定位、区域数量、使用年限、报废时间前置提醒等)，将健身器械纳入社会公共资产管理，由体育局、街道、社区共同管理维护，建立了健身器材常态化管理机制。

案例二：智慧体育公园配置规划方案

一、智慧体育公园规模

公园面积 6 000 m^2，公园规格尺寸：60 m×100 m。

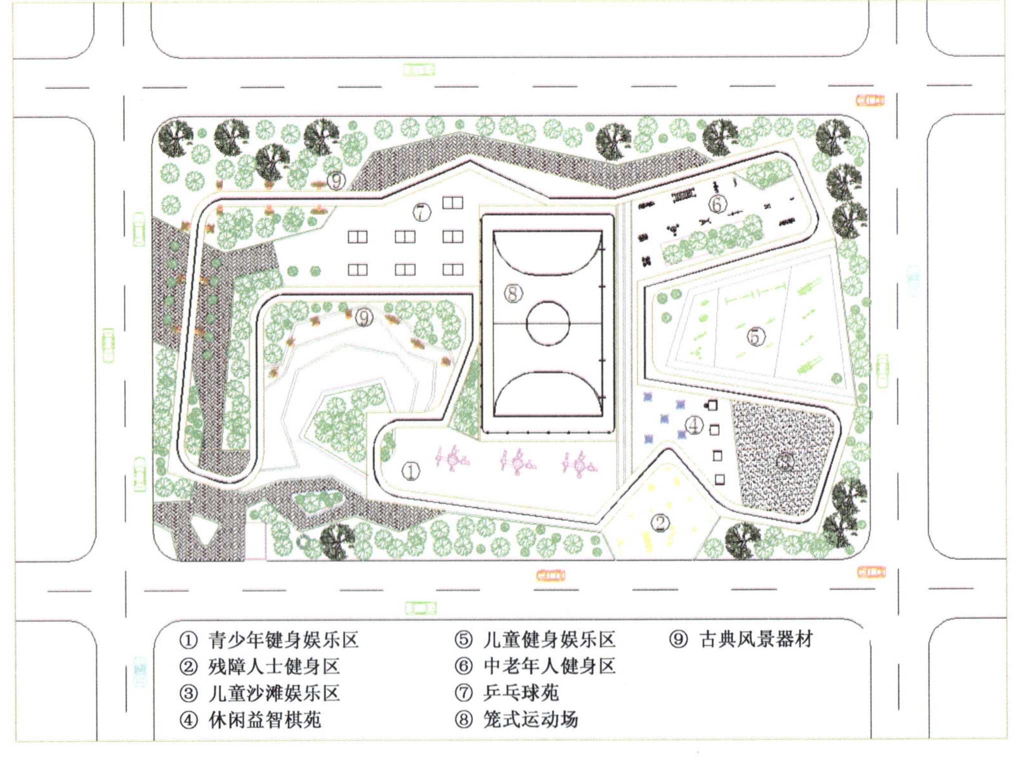

二、公园配置

（一）基本组成

智慧体育公园由测试小屋、笼式运动场（或篮球/多功能）、步道、路径、辅件、绿地等组成。

（二）整体构成

智慧体育公园整体构成为一站、一道、一场、九区、多辅件。

1. 公园大门

2. 测试小屋

3. 健走步道

4. 笼式运动场

5. 青少年人群健身区

6. 残障人士健身区

7. 老年人群健身区

（三）智慧体育公园配置明细表

<table>
<tr><th>序号</th><th>名 称</th><th colspan="2">硬 件</th><th>数量</th></tr>
<tr><td rowspan="6">1</td><td rowspan="6">测试小屋</td><td colspan="2">15 m² 左右简易小屋</td><td>1</td></tr>
<tr><td colspan="2">身体成分分析仪</td><td>1</td></tr>
<tr><td colspan="2">心血管功能测试仪</td><td>1</td></tr>
<tr><td colspan="2">超声骨密度仪</td><td>1</td></tr>
<tr><td colspan="2">电脑</td><td rowspan="2">1</td></tr>
<tr><td colspan="2">打印机</td></tr>
<tr><td rowspan="12">2</td><td rowspan="12">笼式足球场</td><td colspan="2">围网系统(20 m×30 m)</td><td>600 m²</td></tr>
<tr><td colspan="2">喷雾系统(泵、喷头等)</td><td>1</td></tr>
<tr><td rowspan="4">照明系统:</td><td>灯:400～800 W/1 000 W</td><td>6</td></tr>
<tr><td>配电柜:</td><td>1</td></tr>
<tr><td>电线</td><td>200 m</td></tr>
<tr><td>PVC 管及弯头</td><td>150 m</td></tr>
<tr><td rowspan="3">场地系统</td><td>草坪</td><td>600 m²</td></tr>
<tr><td>沙子</td><td>15 t</td></tr>
<tr><td>填充颗粒</td><td>4.8 t</td></tr>
<tr><td colspan="2">足球门</td><td>2</td></tr>
<tr><td colspan="2">大屏幕</td><td>1</td></tr>
<tr><td colspan="2">自动追踪系统套装</td><td>1</td></tr>
<tr><td rowspan="5">3</td><td rowspan="5">步道</td><td colspan="2">步道本体</td><td>400 m</td></tr>
<tr><td colspan="2">音箱系统</td><td>1</td></tr>
<tr><td colspan="2">能量标识牌(步道专用)</td><td>4</td></tr>
<tr><td colspan="2">太阳能照明系统 40 W</td><td>10</td></tr>
<tr><td colspan="2">显示系统</td><td>1</td></tr>
<tr><td rowspan="15">4</td><td rowspan="15">智慧路径</td><td rowspan="15">1. 中老年人群健身区</td><td>太极揉推器</td><td>1</td></tr>
<tr><td>按揉推摩器</td><td>1</td></tr>
<tr><td>按摩器(腰背)</td><td>1</td></tr>
<tr><td>上肢牵引器</td><td>1</td></tr>
<tr><td>压腿器</td><td>1</td></tr>
<tr><td>大转轮</td><td>1</td></tr>
<tr><td>转腰器</td><td>1</td></tr>
<tr><td>健身车</td><td>1</td></tr>
<tr><td>伸脊架</td><td>1</td></tr>
<tr><td>踝关节训练器</td><td>1</td></tr>
<tr><td>侧踢训练器</td><td>1</td></tr>
<tr><td>手掌穴位按摩器</td><td>1</td></tr>
<tr><td>漫步机</td><td>1</td></tr>
<tr><td>椭圆机</td><td>1</td></tr>
<tr><td>健骑机</td><td>1</td></tr>
</table>

续表

序号	名　称	硬　　件		数量
4	智慧路径	2. 青少年人群及沙滩游乐区	攀爬	1
			绳网	1
		3. 残障人群健身区	下拉训练器	1
			上下肢协调训练器	1
			台阶行走训练器	1
			上肢螺旋训练器	1
			手腕旋转训练器	1
			坐推训练器	1
			手脑平衡训练器	1
			扩胸训练器	1
			手指训练器	1
			上肢牵引器	1
			蹬压腿训练器	1
			下肢行走训练器	1
		4. 儿童游乐区	儿童秋千	2
			摇摇马	2
			儿童滑梯	2
			跷跷板	2
			儿童漫步机	1
			儿童钟摆器	1
			儿童转腰器	1
			儿童座蹬器	1
			攀爬组合	1
			平衡木	1
		5. 太阳能风景系列综合区	漫步机	2
			钟摆器	2
			大转轮	2
			太极	2
			冲浪板	2
			扭腰器	2
			腰背按摩器	1
			健身车	1
			椭圆机	1
			座蹬器	1
			上肢训练器	1
			上肢牵引器	1
			钟摆扭腰器	1
		6. 益智区	轨道棋	2
			象棋	2
			围棋	2
			益智算盘	2
		7. 方亭、长廊		1
		8. 乒乓球苑		8
		9. 地面运动区		220

续表

序号	名　称	硬　　　件	数量
5	辅件	垃圾桶	6
		应急语音报警台	4
		场地警情监控系统	1
		WiFi 设备	1
		路椅	40
		自动售卖机	2
		信息标识	10
6	软件	手机 APP 软件 管理与服务云平台	1

案例三：全人群智能体育公园布置项目

一、整体布局

基于全民健身这一基本理念，针对各个人群的身体特点，综合考虑身体素质、机能、动作发展以及心理和社会交往等不同层面的健身需求进行规划设计，以全人群智能体育公园为例，分为十大功能区。

① 笼式多功能运动及攀爬区；
② 健身驿站区；
③ 竞力区；
④ 老年人健身区；
⑤ 儿童健身区；
⑥ 残障人健身区；
⑦ 青少年健身区；
⑧ 强化健身区；
⑨ 休息休闲区；
⑩ 音乐健身智道

二、全人群智能体育公园十大功能区布置

1. 笼式多功能运动及攀爬区

用坚固网状结构围成的运动场地，适合开展各种小型足球、篮球、羽毛球、气排球等项目的竞赛和训练。场地一段封闭性的攀爬区域，特别适合那些带着孩子来的家长，家长参加场地竞赛和训练，无人看管的孩子则被领入攀爬乐园游玩——大人、小孩齐健身。

2. 健身驿站区

放松肌肉是运动开始和结束的必要阶段。拉伸肌肉可减缓运动疲劳、放松身心、加快身体恢复，肌肉按摩也可以促进锻炼部位的血液循环，减缓运动导致的肌肉酸痛。本区域配备了多功能肌肉拉伸和主动按摩器材，在运动前牵引肌肉、运动后快速恢复，预防运动损伤的发生和减缓运动带来的身体不适。

3. 竞力区

利用5种不同健身器材的组合，进行5种身体能力的综合锻炼和比赛。平衡木用以锻炼平衡能力，仰卧起坐板锻炼腰腹力量、坐蹬器锻炼下肢腿部力量、双杠和天梯锻炼上肢力量和身体协调能力，器材的组合将变成5条赛道，可供家人、朋友、同事一较高下，适合各单位、团体组织开展全面健身接力赛或团体赛。

4. 老年人健身区

该区域配置的器材是专门针对中老年人群的机能特征，通过不同的训练方法和手段，重点加强了中老年上肢、下肢和腰腹背的力量锻炼，加强了中老年肩关节和腰、腿的活动度，从而保持了身体机能或者延缓了衰退进程。考虑到一般由老年人带小孩，所以老年人健身区和儿童健身区相邻设置，各得其乐。

5. 儿童健身区

该区域配置的器材是专门针对儿童身体生长发育特征，使儿童在寓教于乐的玩耍锻炼中，重点发展平衡、反应、敏捷、速度及位感等能力。

6. 残障人健身区

遵循全面促进残障人身心健康发展的要求，针对残障人功能康复的需求，配备的多功能健身康复器材可帮助残障人士进行上肢和腰肢力量训练，增加关节的灵活性。以此带动下肢的肌力康复训练，全面促进残障人士的身体功能康复和代偿性提高。考虑到残障人的活动不便，需尽量与青少年健身区、强化健身区、竞力区等运动强度较大的区域分开设置，以免形成强烈反差，造成心理障碍。一般情况可与老年人健身区相邻设置，场地面积局限时，可与老年人健身区合并设计。

7. 青少年健身区

该区域配置的器材是专门针对青少年期的身体生长发育特征，通过攀爬练习，重点训练青少年上、下肢力量均衡发展的能力，训练个肌群间的协调性、身体的稳定性、平衡性及本体感觉能力。

8. 强化健身区

该区域配置的各种类型的绳网器材，是专门针对需要加强核心力量、肩胸力量、上肢先小肌群力量极其相互间的协调性、稳定性的人群使用，尤其适合正在生长发育阶段的儿童、青少年人群的锻炼。可根据

身体条件和能力，根据器材结构和形状，有针对性地设计适合不同人群特点的锻炼方法。

9. 休息休闲区

该区域设置围棋、象棋、五子棋等棋类游戏的棋盘及桌凳，使群众在锻炼休息之余可以进行脑力活动。并且结合老人、儿童、残障人健身区综合设置，设置凉亭、张拉膜等有盖设施，满足遮阳、避风、躲雨等需求。

10. 地面健身区

立定跳远、跳房子、三点移动、十字象限跳、趣味知识跑等多种生动活泼的娱乐活动可以找回童年的记忆。该区设施有助于增强儿童跳跃、奔跑和保持身体平衡的能力，还能培养儿童团结、协作和锻炼身体的意识。可以结合其他功能区的空地进行灵活设置，考虑使用频率，一般与儿童健身区相邻设置。

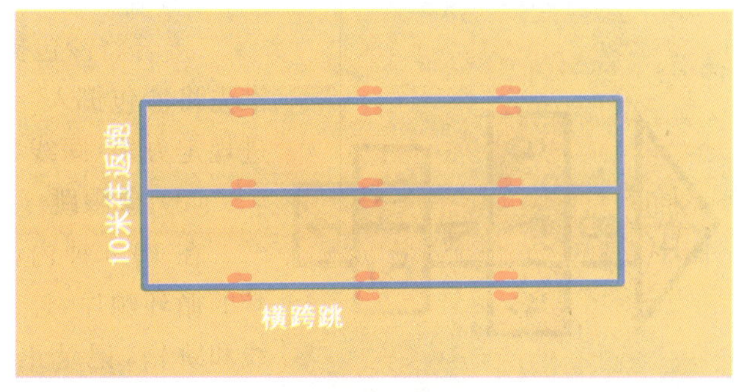

（1）10 m 往返跑：从线的一端外侧开始，快速跑向另一端，到端线时手必须触摸地面端线后，才能快速返回跑向线的这一端，同样手必须触摸地面端线后，才能再折返跑。共折返 4 次，最后一次跑向端线时，手无须触摸端线，而是快速冲过端线。记录 4 次折返跑的时间，在 15 s 内为及格，在 12 s 内为优良。

（2）横跨跳：两脚跨中线站立，快速向右横跨右侧线，然后向左横跨中线，再向左横跨左侧线，再向右横跨中线。如此循环往复，记录 20 s 内横跨线的次数。横跨 30 次以上为合格，横跨 45 次以上为优。可与 10 m 往返跑共同设计。

（3）功能训练：双脚横跨在一端的格子外，跳起左脚落在格子中，右脚悬空在左脚后，跳出前移一格双脚横跨在格子外，再跳起右脚落在格子中，左脚悬空在右脚后，再跳出前移一格双脚横跨在格子外。如此循环往复，直至跳向另一端，完成的越快越好。

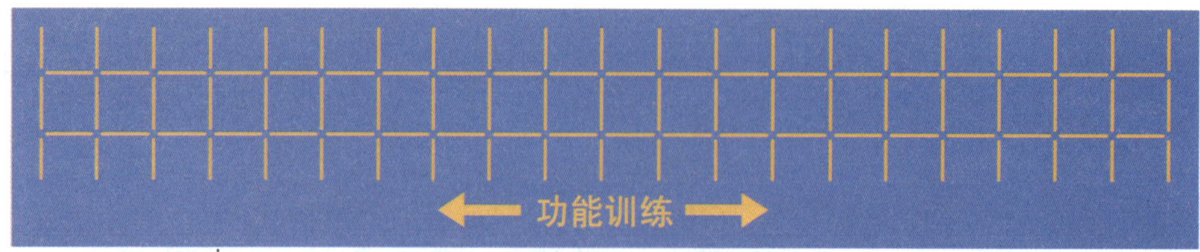

（4）立定跳远：双脚分开于肩同宽，弯腰、下蹲、摆臂、起跳、落地，测试你的腿部力量，看谁跳的更远。

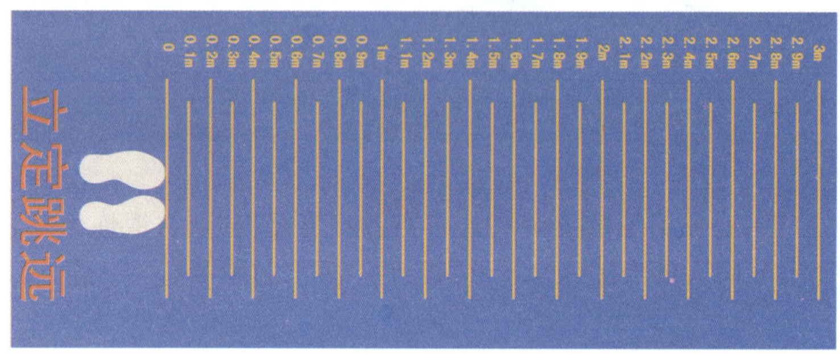

（5）跑跳：依照不同距离的地面脚印，快节奏地踩踏脚印前行。以先完成者为胜者。

（6）三点移动

站在A点外面，听到口令，迅速踏踩A点，然后跑向并踏踩B点，再跑向并踏踩C点，接着再跑回并踏踩A点。记录完成三整圈的移动时间，看谁的用时最短。

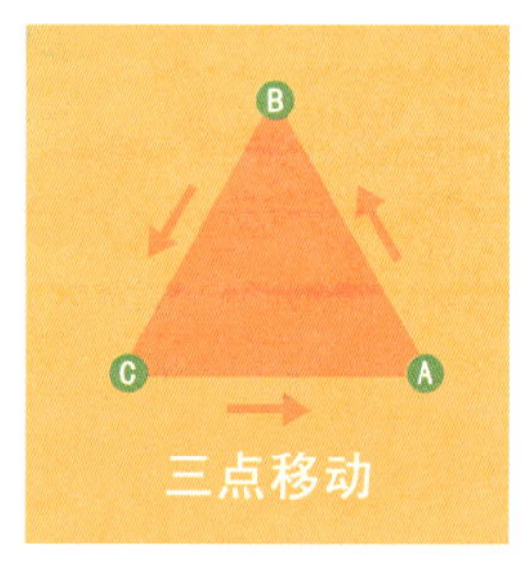

（7）跳房子

站在1号格底线外，将沙包（或小石子）掷入1号格中，单脚跳入1号格，再双脚同时跳入2号、3号格，接着单脚跳入4号格，再双脚同时跳进5号、6号格，然后并脚跳进7号格，接着单脚跳进8号格，再并脚跳进“天宫”；然后按原路原方式返回，在跳入1号格中后以单手拾起沙包，然后跳出1号格。

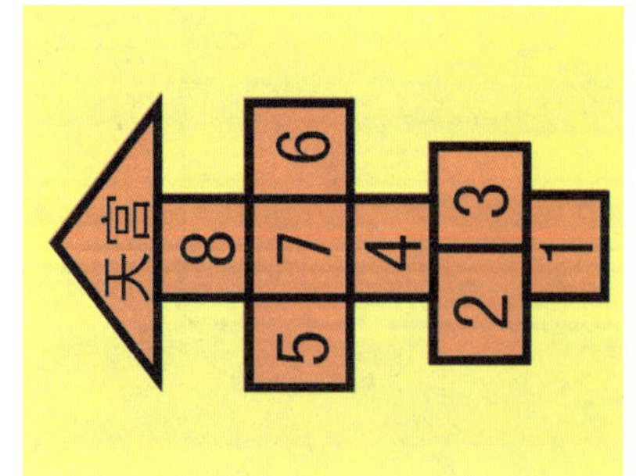

接着将沙包掷入2号格中，然后按如上的要求跳，如此循环，看谁先将沙包掷入“天宫”并最终完成。比赛过程中如有失误（掷沙包未进规定方格、踩线、单脚落地等）即停止，换他人比赛。

（8）象限跳

在10 s钟内，双脚按“1—2—3—4”的循环顺序，连续快速跳跃，不得踩线和跳错，记录正确的跳跃次数。跳15次以上为合格，跳30次以上为优。

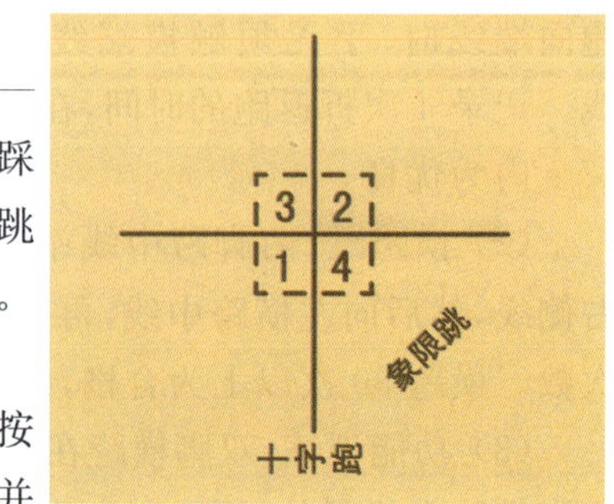

（9）“十字线”跑

以“十字线”交叉点为起点，快速跑向线端，再折返回交叉点；记录按逆时针方向连续跑完成4条线的时间，越快越好，一般与象限跳合并

设置。

11. 音乐健身智道

通过各种技术手段融合穿戴式设备、云计算等科学技术，采用最新的人体运动模式算法，科学记录和分析全人群健身运动的锻炼次数、时间、步长等数据，实时反映能量消耗。

通过健身步道的语音提示和文字、动画推送相结合的方式，动态实时提供运动学参数和能量消耗值，提高健身走的科学性和趣味性。

步行方法：早锻炼步行、上班步行、吃饭前步行、买东西逛街步行、观光步行、晚间步行、遛狗步行、家庭步行、约会步行、跑步机步行等；正常步行（50 m/min～79 m/min）：100 步/min，步幅：身高－100 cm，大约 30 步消耗 1 kcal（1 kcal＝4.19 kJ），呼吸：2 步 1 吸、2 步 1 呼；快速步行（80 m/min～120 m/min）：125 步/min，步幅：身高－90 cm，大约 23 步消耗 1 kcal，（17.3 m/kcal），呼吸：4 步 1 吸、4 步 1 呼；减 1 kg 体重需消耗 7 000 kcal，行走时，配合均匀而且深的呼吸，摆动双臂，大步快速前进，会获取良好的健身效果。

案例四：社区公园改造布置项目

一、公园改造前

公园地块内环境较为复杂，其中东北角的幼儿园、西侧的社区卫生服务中心、环境卫生管理中心及养老理疗中心的开口均向园内，故公园的人流较为复杂，以老年人、儿童及青少年为主，如何合理规划人流为本次设计考虑的重要环节之一。

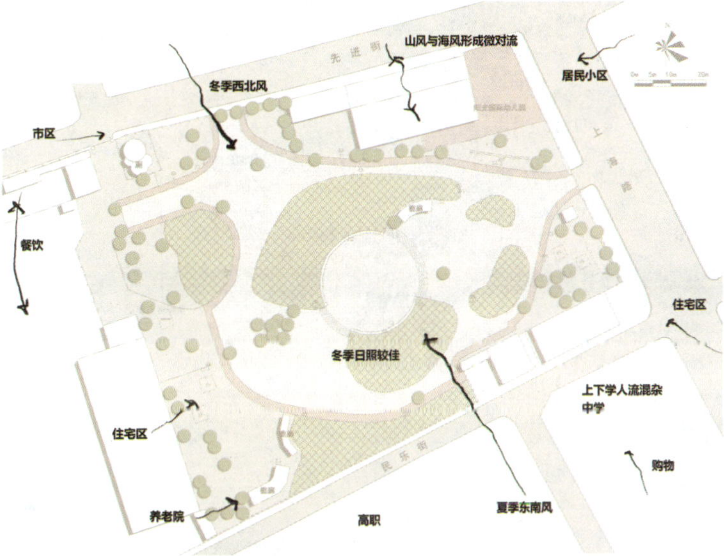

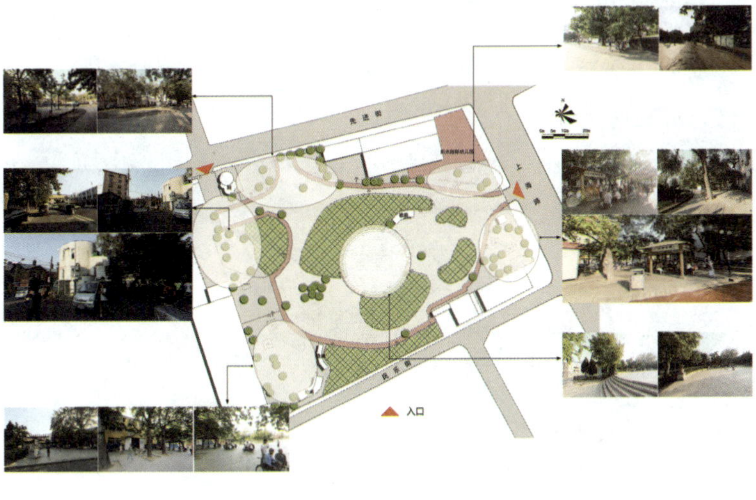

二、公园改造总规划

此公园规模较小，且为老公园改造，受场地条件限制较多，尽量根据现有空间灵活设置各功能区。各功能区主要功效与案例三全人群智能体育公园布置项目类似，不在赘述。整体布局主要遵循以下几点原则：

a）智能健身步道环形设计，串联起各个功能区。智道上设有点标机，与可穿戴设备连接，监测运动人群运动效果。

b）儿童健身区、老年人健身区、残障人健身区相邻布置，结合场地内大树整体考虑，并在不远处设置有顶休息休闲区，便于遮风避雨及休息。

c）青少年健身区、强化健身区相邻布置，并根据场地情况将健身设施分散布置。

d）健身驿站区尽量设置在音乐健身智道中段，方便跑步健身者停留修整。

e）场地中央广场为整个公园的中心，并直接面对道路，引入微地形设计，结合各种地面游戏，作为公园名片。

f）公园提供无线网络，各出入口设置客流眼，收集运动人群大数据。

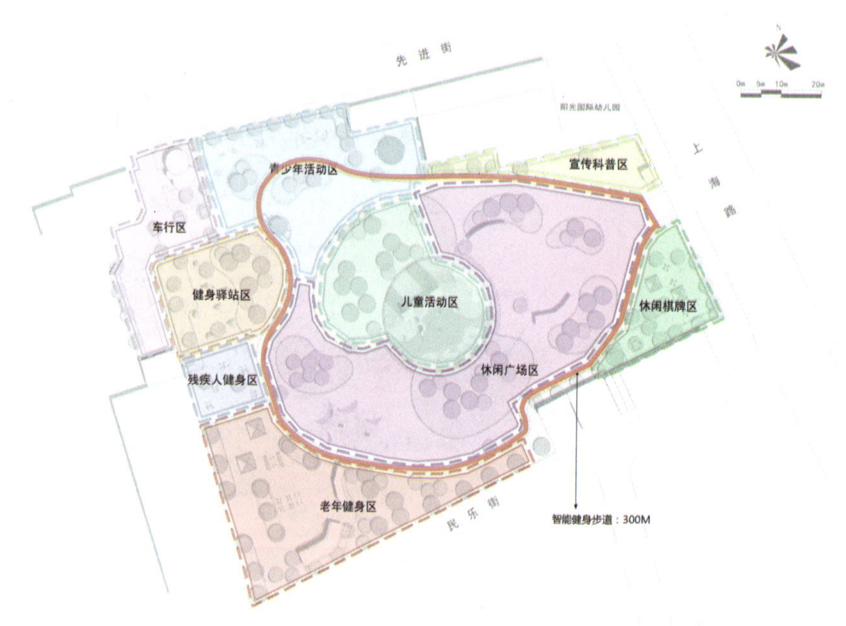

三、公园改造各区域布置

1. 智能健身步道

通过各种技术手段融合穿戴式设备、云计算等科学技术，采用最新的人体运动模式算法，科学记录和分析全人群健身运动的锻炼次数、时间、步长等数据，实时反映能量消耗。

通过健身步道的语音提示和文字、动画推送相结合的方式，动态实时提供运动学参数和能量消耗值，提高健身走的科学性和趣味性。

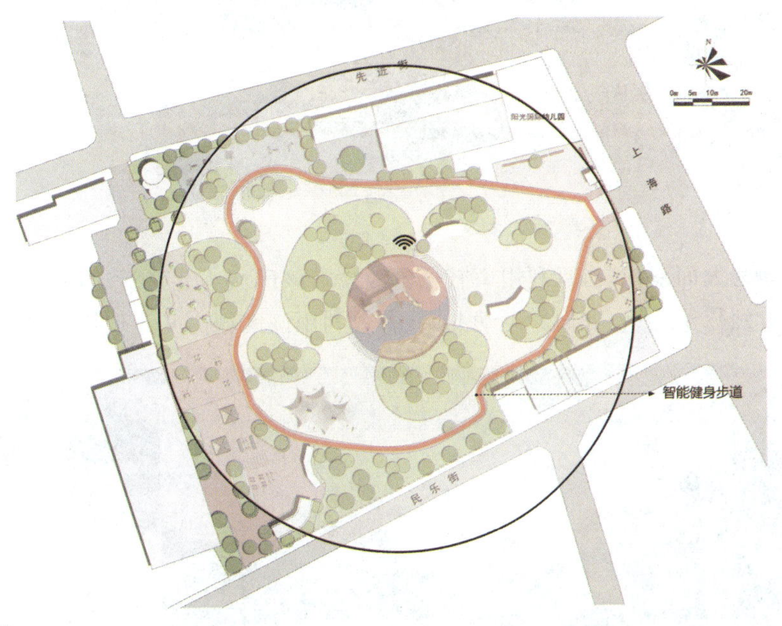

2. 宣传科普区

该区域现状为幼儿园的出入口，接送小孩的家长人流较为密集，且场地上原有的宣传栏分隔了场地，缺少集散的空间。故通过设计改造移位宣传栏至幼儿园围栏处，空出中间的场地，为家长及观看宣传栏的人群提供空间，同时在智能健身步道起点处增加体育健身说明和科普知识。

3. 休闲棋牌区

该区域现场聚集较多人流在此休息及打牌，且棋牌氛围已经成熟，但相对设施配套不够齐全，所以设计考虑沿建筑墙面以花坛的形式进行分隔，并在公园围栏上种植爬藤植物，增加绿化量，同时在场地上增设棋牌桌椅，形成适合林下棋牌活动的区域。

4. 儿童活动区

该区域原始场地为大面积铺装，且利用率较低。故设计该区域为儿童活动场地，一方面地势较高，方便家长可以直观地看到孩子；另一方面靠近幼儿园，有效利用该区域为儿童使用。

5. 老年健身区

该区域现状为养老理疗中心的出入口，且聚集的老年人群较多，故设计考虑将该区域规划为老年健身区域，通过增加建筑旁的花坛，美化建筑围栏立面，同时将现有大树整合，形成可以坐人休憩的花坛坐凳，方便老年人在此健身锻炼。

6. 残障人士健身区

遵循全面促进残障人身心健康发展的要求，针对残障人功能康复的需求，配备的多功能健身康复器材可帮助残障人士进行上肢和腰肢进行力量训练，增加关节的灵活性。以此带动下肢的肌力康复训练，全面促进残障人士的身体功能康复。考虑到残障人的活动不便，需尽量与青少年健身区、强化健身区、竞力区等运动强度较大的区域分开设置，以免形成强烈反差，造成心理障碍。一般情况可与老年人健身区相邻设置，场地面积局限时，可与老年人健身区合并设计。

7. 驿站健身区

该区域现状为环境卫生管理中心，其大门开口朝向园内，并有车辆出入，使该区域人车混杂，并存在一定的安全隐患。设计考虑通过整合现有大树，用花坛将车行与人行合理分隔开，并通过攀藤植物丰富围栏立面，同时在空余场地上增加驿站健身区。

8. 青少年健身区

该区域配置的器材是专门针对青少年期的身体生长发育特征，通过攀爬练习，重点训练青少年上、下肢力量均衡发展的能力，训练了各肌群间的协调性、身体的稳定性、平衡性及本体感觉能力。

第四章

GB/T 34289—2017《健身器材和健身场所安全标志和标签》应用指南

第一节 范 围

【标准条款】

> 1 范围
>
> 本标准规定了健身器材和健身场所安全标志和标签的设计、健身场所安全信息牌设计。
>
> 本标准适用于健身器材和健身场所。

【应用要点】

1. 本标准对安全标志和标签的设计、健身场所安全信息牌的设计进行了规定。
2. 安全标志和标签的设计主要从设计原则、危险等级、警示词、警示词面板颜色、常规警示标签、特定位置警示标签进行了规定。
3. 本标准适用于健身器材和健身场所,健身器材包括室内健身器材和室外健身器材。健身场所是指专门用于开展体育活动的区域。

第二节 规范性引用文件

【标准条款】

> 2 规范性引用文件
>
> 下列文件对于本文件的应用是必不可少的。凡是注日期的引用文件,仅注日期的版本适用于本文件。凡是不注日期的引用文件,其最新版本(包括所有的修改单)适用于本文件。
>
> GB/T 2893(所有部分) 图形符号 安全色和安全标志
>
> GB/T 2893.2 图形符号 安全色和安全标志 第2部分:产品安全标签的设计原则
>
> GB/T 2893.4 图形符号 安全色和安全标志 第4部分:安全标志材料的色度属性和光度属性
>
> GB 2894 安全标志及其使用导则
>
> GB/T 16903(所有部分) 标志用图形符号表示规则

【应用要点】

本标准一共引用了9项标准,这些标准都没有标注年代号,当它们修订时,要使用它们的最新版本。

第三节　术语和定义

【标准条款】

3　术语和定义

下列术语和定义适用于本文件。

3.1

安全标志　**safety sign**

由安全符号与安全色、安全形状等组合形成，传递特定安全信息的标志。

注：改写 GB/T 15565.2—2008，定义 2.1.12。

【应用要点】

1. 安全标志用来表达安全信息，可以通过颜色与几何形状的组合表达通用的安全信息，并且通过附加图形符号表达特定安全信息。
2. 其他标准定义参考：

a）GB 2894—2008《安全标志及其使用导则》中 3.1 条款对安全标志有定义：

安全标志　safety sign

用以表达特定安全信息的标志，由图形符号、安全色、几何形状（边框）或文字构成。

b）GB/T 15565.2—2008《图形符号　术语　第 2 部分：标志及导向系统》中 2.1.12 条款对安全标志有定义：

安全标志　safety sign

由安全符号与安全色（2.2.5）、安全形状（2.2.7）等组合形成，传递特定安全信息的标志（2.1.1）。

注：根据安全色与安全形状不同组合所形成的标志含义，安全标志可分为禁止标志（2.1.12.1）、警告标志（2.1.12.2）、指令标志（2.1.12.3）、安全条件标志（2.1.12.4）和消防设施标志（2.1.12.5）等，见图 4-3-1。

a) 禁止标志示例　b) 警告标志示例　c) 指令标志示例

d) 安全条件标志（提示标志）示例　e) 消防设施标志示例

注：GB/T 2893.1—2013 已删除 GB/T 2893.1—2004 中 7.1 对衬边的规定。

图 4-3-1　安全标志图示

c）GB/T 15565.2—2008《图形符号　术语　第 2 部分：标志及导向系统》中 2.1.13 条款对安全标记有定义：

安全标记　safety marking

出于安全目的使某个对象或地点变得醒目的标记。

注：通常由安全色、对比色、发光材料、分隔开的点光源等方式形成，见图 4-3-2。

图 4-3-2 安全标记图示

3. 各标志颜色所代表含义的图示理解与参考见图 4-3-3。

图 4-3-3 安全标志颜色所代表的含义

4. 图 4-3-4 给出了正确使用标志颜色和错误使用标志颜色的案例。

a) 正确的禁止标志

b) 错误的禁止标志

图 4-3-4　正确使用和错误使用标志颜色的案例

> 3.2
>
> **警示标签　warning label**
>
> 设置在健身器材上，提示健身器材在使用中的潜在危险性的标志、标牌和标记。
>
> 注：警示标签一般分为常规警示标签和特定位置警示标签。

【应用要点】

警示标签主要用在健身器材存在潜在风险的地方。

【标准条款】

> 3.3
>
> **健身场所　fitness facility**
>
> 专门用于开展体育活动的区域。

【应用要点】

健身场所通常包括：全民健身中心、健身广场、体育公园、健身俱乐部、健走步道、登山步道等。

【标准条款】

3.4

警示词 signal word

对危险等级进行划分的词语,包括:"危险""警告"和"小心"。

注:改写 GB/T 25322—2010,定义 3.9。

3.4.1

危险 danger

用于提示在事故发生时可能导致非常严重人身伤害的警示词。

注:该警示词只有在非常极端的危险环境下才能使用。

[GB/T 25322—2010,定义 3.9.1]

3.4.2

警告 warning

用于提示在事故发生时可能导致严重人身伤害的警示词。

[GB/T 25322—2010,定义 3.9.2]

3.4.3

小心 caution

用于提示在事故发生时可能导致一般或轻微人身伤害的警示词。

[GB/T 25322—2010,定义 3.9.3]

【应用要点】

警示词用来对危险等级进行划分,包括"危险""警告"和"小心"。

【标准条款】

3.5

信息面板 message panel

在警示标签上放置危险声明的区域。

【应用要点】

信息面板是在警示标签上安排危险信息声明的区域。

【标准条款】

3.6

形象化图形符号 pictorial

用图案表示潜在危险性。

【应用要点】

形象化图形符号是用醒目的图形提醒人们该区域存在潜在危险。

【标准条款】

3.7

警示图标 signal icon

带一个惊叹号的三角形。

【应用要点】

警示图标是在三角形中带有一个惊叹号的图形标志，目的是提醒人们注意。

【标准条款】

> 3.8
>
> **警示词面板　signal word panel**
>
> 警示标签中放置警示图标和警示用语的区域。

【应用要点】

警示词面板是一处用于警告声明的区域，含有警示图标和警示用语，放置在警示标签中。

【标准条款】

> 3.9
>
> **特定位置标签　site specific label**
>
> 设置在健身器材上易断裂或易变形的特定区域、卡夹点、易受电击的区域、易与身体和衣服接触的区域和需要经常维护和检查的区域。

【应用要点】

特定位置标签主要设置在健身器材上的标志、标牌和标记。主要在下列区域：

——易断裂或易变形的特定区域；

——易受电击的区域；

——易与身体卡夹、剪切和衣服钩挂的区域；

——需要经常维护和检查的区域。

【标准条款】

> 3.10
>
> **危险声明　statement of hazard**
>
> 描述危险、潜在后果或不可避免的危险的用语。

【应用要点】

危险声明是一种警告用语，告知存在的危险情况、潜在后果或不可避免的危险情况。

第四节　安全标志和标签的设计

【标准条款】

> **4　安全标志和标签的设计**
>
> **4.1　设计原则**
>
> 4.1.1　安全标志的图形符号首先应定义需传递的特定信息。标志方案应按照 GB/T 2893(所有部分)中所规定的准则进行设计，图形符号的表示规则应符合 GB/T 16903(所有部分)的规定。
>
> 4.1.2　安全标志的图形符号应符合 GB 2894 的规定。
>
> 4.1.3　两种以上，位置接近的潜在危险宜在同一个标签或标志上标示，且应将每一个潜在危险表达明确，并应按严重程度由高到低依次标示。

【应用要点】

1. 4.1 条款规定了安全标志和标签的设计原则。

2. 4.1.1 条款规定了设计安全标志的图形符号要准确、简单直观地表达潜在危险的信息。

3. 4.1.1 条款规定了标志方案设计时应符合 GB/T 2893《图形符号 安全色和安全标志》(所有部分)标准的要求，该系列标准分为 5 个部分：

——GB 2893—2008 安全色

——GB/T 2893.1—2013 图形符号 安全色和安全标志 第 1 部分：安全标志和安全标记的设计原则

——GB/T 2893.2—2008 图形符号 安全色和安全标志 第 2 部分：产品安全标签的设计原则

——GB/T 2893.3—2010 图形符号 安全色和安全标志 第 3 部分：安全标志用图形符号设计原则

——GB/T 2893.4—2013 图形符号 安全色和安全标志 第 4 部分：安全标志材料的色度属性和光度属性

注：标准会不断更新，要注意使用更新后的有效版本。

4. 4.1.1 条款规定了图形符号的表示规则应符合 GB/T 16903《标志用图形符号表示规则》(所有部分)标准的要求，分为三个部分：

——GB/T 16903.1 标志用图形符号表示规则 第 1 部分：公共信息图形符号的设计原则

——GB/T 16903.2 标志用图形符号表示规则 第 2 部分：理解度测试方法

——GB/T 16903.3 标志用图形符号表示规则 第 3 部分：感知性测试方法

除了标准中规定的要求外，还可参照 GB/T 16900《图形符号表示规则 总则》加强理解。

5. 4.1.2 条款规定了安全标志的图形符号的设计应符合 GB 2894《安全标志及其使用导则》的规定。

6. 4.1.3 条款规定了当位置接近的有两种以上潜在危险的情况下，宜在同一个标签或标志上标示，且应将每一个潜在危险表达明确，并应按严重程度由高到低依次标示，见图 4-4-1。

a) 示例1

b) 示例2

图 4-4-1 两种以上潜在危险的安全标志和标签的设计

【标准条款】

> 4.2 危险等级
>
> 根据健身器材在使用过程中可能存在的潜在危险性严重程度分为三个等级：危险、警告和小心。

【应用要点】

1. 4.2 条款规定了危险性程度为三个等级：

——危险，表示如不避免则可能导致死亡或严重伤害的某种紧急危害情况的警示词；

——警告，表示如不避免则可能导致死亡或严重伤害的某种潜在危害情况的警示词；

——小心，表示如不避免则可能导致一般或轻微伤害的某种潜在危害情况的警示词。

2. 警示词应提醒使用者使用健身器材时可能存在风险的严重性和等级，也是对遭遇危害后果的预测，见表 4-4-1。

表 4-4-1　警示词的含义及示例

警示词	含义	警示词区域示例
危险	表示高等级风险	危 险
警告	表示中等级风险	警 告
小心	表示低等级风险	小 心

【标准条款】

4.3　警示词

4.3.1　常规警示标签应使用警示词(见图 1),按照危险等级分别使用警示词“危险”“警告”和“小心”进行警示。

4.3.2　特定位置警示标签警示词可省略。

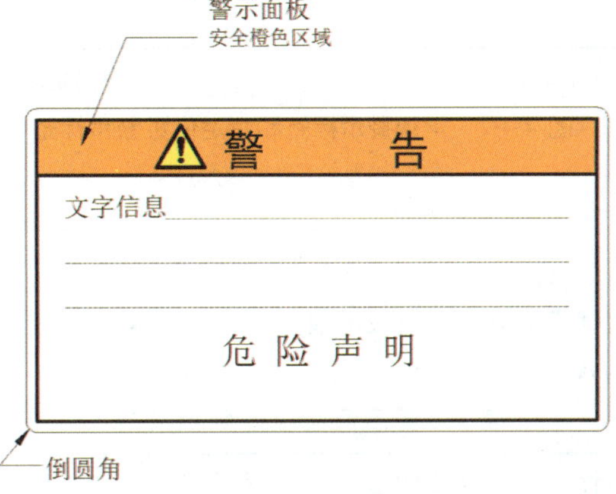

a) 水平常规警示标签布局图

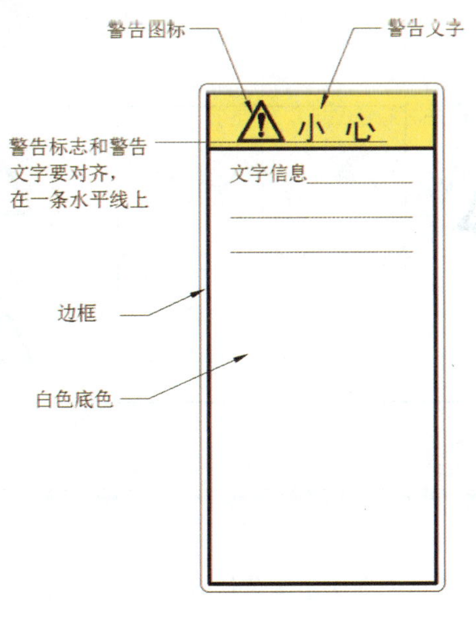

c) 垂直常规警示标签布局图

图 1　常规警示标签布局图

【应用要点】

1. 4.3 条款规定了危险性程度三个等级的警示词分别是“危险”“警示”和“小心”。
2. 常规警示标签必须使用警示词，而特定位置警示标签警示词可省略，见图 4-4-2。

a) 常规警示标签

b) 特定位置警示标签

图 4-4-2 常规警示标签和特定位置警示标签

【标准条款】

4.4 警示词面板颜色

对于“危险”“警告”和“小心”在警示词面板中应采用表 1 的文字颜色和背景颜色。其中红、黄、白、黑色应符合 GB/T 2893.4 的规定，橙色应符合 GB/T 2893.2 的规定。

表 1 警示词面板的颜色设置

警示词	警示图标	文字颜色	背景颜色	警示词区域示例
危险		白色	红色	危 险
警告		黑色	橙色	警 告
小心		黑色	黄色	小 心

【应用要点】

1. 4.4 条款规定了警示词面板背景颜色和文字颜色符合本标准中表 1 的规定，也就是背景与文字的安全色及其对比色(黑、白两种)进行了规定。
2. 对红、黄、橙、白、黑色在颜色体系中的参考值进行了规定：

——红、黄、白、黑色应符合 GB/T 2893.4—2013《图形符号 安全色和安全标志 第 4 部分：安全标志材料的色度属性和光度属性》附录 E 中表 E.1 的规定，见表 4-4-2；

表 4-4-2　颜色体系中的安全色示例

颜色	GB/T 15608（中国）	DIN 6164（德国）	Munsell（美国）	AFNOR NF X08-002 和 X08-010（法国）	NCS（瑞士）
红	7.5R 4/18	7.5∶8.5∶3	7.5R 1/14	N°2805	S 2080-R
蓝	7.5PB 3/12	16.7∶7.2∶3.8	2.5PB 3/10	N°1540	S 4060-R90B
黄	10YR 7/14	2.5∶6.5∶1	10YR 7/14	N°1330	S 1070-Y10R
绿	7.5G 4/10	21.7∶6.5∶4	5G 4/9	N°2455	S 3060-G
白	N 9.5	N∶0∶0.5	N 9.5	N°3665	S 0500-N
黑	N 1.2	N∶0∶9	N 1	N°2603	S 9000-N
注：NCS——自然色彩系统的简称； Munsell——蒙塞尔色彩系统的简称。					

——橙色应符合 GB/T 2893.2—2008《图形符号　安全色和安全标志　第 2 部分：产品安全标签的设计原则》附录 B 中表 B.1 的规定，见表 4-4-3。

表 4-4-3　橙色示例

颜色	GB/T 15608	DIN 5381、DIN 6164-1	RAL
橙色	5YR 4.5/12	5.5∶6.5∶2	2010
注：RAL——德国劳尔色卡体系。			

【标准条款】

> **4.5　常规警示标签**
>
> **4.5.1　常规警示标签的设计**
>
> 4.5.1.1　警示标签方向：应使用水平或垂直放置的标签（见图 1）。

【应用要点】

在健身设施上，应根据不同器材实际情况设计放置相应的警示标签，警示标签可以设计为水平方向或垂直方向，见图 4-4-3。

a) 水平方向

b) 垂直方向

图 4-4-3　常规警示标签示意图

【标准条款】

> 4.5.1.2 边框：当标签安装在健身器材上时，应与安装位置背景明显区别，宜使用 1.5 mm 以上的边框。当警示标签并入指导牌、控制面板时，警示部分和其他部分应明显不同，宜使用不同的背景颜色给予区分。

【应用要点】

1. 在健身设施上放置的警示标签，应与安装位置背景明显区别；警示标签宜设置边框，边框的宽度应大于或等于 1.5 mm。
2. 当警示标签并入指导牌、控制面板时，警示部分和其他部分应明显不同，宜使用不同的背景颜色给予区分，见图 4-4-4。

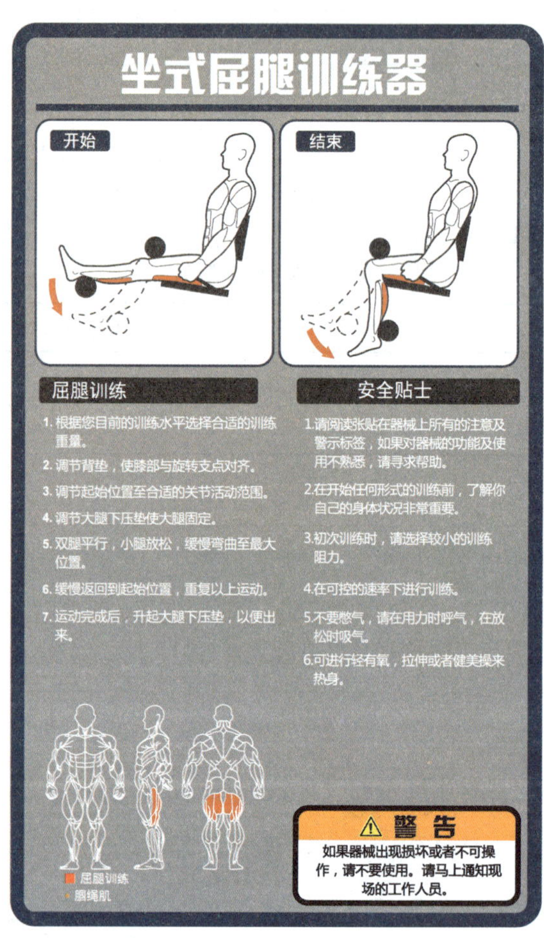

图 4-4-4 警示标签并入指导牌示例

【标准条款】

> 4.5.1.3 颜色：常规警示标签单独使用时，警示词面板颜色应符合 4.4 的要求，其余部分应使用白色，边框应符合 4.5.1.2 的要求。当警示标签并入指导牌、控制面板时，特殊情况下可不使用以上的颜色。常规警示区域应与指导牌或控制面板的其他部分通过边框、色差或阴影实现区分。

【应用要点】

1. 在健身设施上单独使用常规警示标签时，警示词面板颜色应符合本标准 4.4 条款的要求，其余部分应使用白色，边框应符合本标准 4.5.1.2 条款的要求。
2. 当警示标签并入指导牌、控制面板时，警示词面板可以不使用本标准 4.4 条款要求的颜色，但警示区域应与指导牌或控制面板的其他部分通过边框、色差或阴影实现区分，见图 4-4-4。

【标准条款】

4.5.1.4　字体：危险声明的字体和警示词“警告”应为黑色的黑体字，警示图标应与警示词的底部平齐。

4.5.1.5　字高：危险声明中文字信息的字高应不小于 3.7 mm。警示词字高应不小于 5.6 mm，并且至少比危险声明中文字信息字高的尺寸大 50%。当警示标签并入控制面板或者操作说明面板的说明部分时，警示标签的文字字高尺寸应高于或等于其他部分最小文字尺寸。

4.5.1.6　语言：标签使用的语言应为中文或中英文对照。

【应用要点】

1. 危险声明的字体和警示词“警告”应为黑色的黑体字，警示图标应与警示词的底部平齐。
2. 为了保证警示标签中的警示词和文字信息清晰易见，警示词字高应不小于 5.6 mm，文字信息的字高应不小于 3.7 mm。
3. 为了突出警示词，警示词字高应比文字信息的字高大 50%。
4. 当警示标签并入控制面板或者操作说明面板的说明部分时，警示标签的文字字高尺寸应高于或等于其他部分最小文字尺寸。
5. 为了保证使用者可以按警示标签的要求执行，警示标签中使用的语言应为中文或中英文对照。
6. 示例，见图 4-4-3。

【标准条款】

4.5.1.7　使用寿命：警示标签不应在正常的使用过程中或可预见的误用时被毁坏。如果警示标签被损坏或不能辨认，应在使用手册中提出建议。

【应用要点】

1. 为了保证健身设施在全寿命周期中，不会因警示标签缺失或污损而可能造成使用者的人身伤害，设计时应考虑警示标签在正常的使用过程中或可预见的误用时不易被毁坏。
2. 在使用说明书或使用手册中应提出明确要求，当警示标签被损坏或不能辨认时如何进行处理。

【标准条款】

4.5.1.8　安装位置：警示标签应安装在明显可视、便于识别的位置上。

【应用要点】

为了保证使用者能够方便地看到，警示标签应安装在明显可视、便于识别的位置上。一般应安装在器材的正表面的位置。

【标准条款】

4.5.2　文字信息

4.5.2.1　在健身器材存在潜在危险性的情况下，文字信息至少应注明以下内容：

——在产品具有潜在危险位置上标注安全警示信息；

——儿童应在成人监护下使用；

——提示使用者阅读和注意所有的警示和指南，并提示使用者在使用公共健身器材前获取适当的指导。

【应用要点】

1. 制造商应对器材在正常使用以及非正常使用过程中可能发生的风险进行分析，列出可能对使用者造成伤害的项目写入安全警示信息。

2. 安全警示信息应标注在产品具有潜在危险的位置上。
3. 若器材不适宜儿童单独使用或儿童在使用过程中可能造成伤害，应在安全警示标签上注明儿童应在成人监护下使用。
4. 制造商在器材控制面板或者操作说明面板上应设置提示标识，提示使用者阅读和注意所有的警示和指南，并提示使用者在使用公共健身器材前获取适当的指导。

【标准条款】

4.5.2.2　在健身器材存在潜在危险性的情况下，文字信息还应根据需要注明以下内容：

——当器材不适宜儿童使用时，标注儿童应远离器材；

——对于家用健身器材，应提示使用者阅读用户手册中列出的警示和安全信息；

——对于公共健身器材，应提示使用者在运动中感觉身体不适时应停止锻炼；

——对于公共健身器材，应提示使用者的着装要求，以及身体与运动部件接触可能产生危害；

——对于公共健身器材，应提示使用者所佩戴的附属物远离所有的运动部件；

——对于公共健身器材，应提示使用者在使用之前检查器材，当健身器材不能正常使用时，应停止使用；

——对健身器材相关标准中有特殊要求应予以标注。

【应用要点】

1. 制造商应对器材在正常使用以及非正常使用过程中可能发生的风险进行分析，列出器材存在的潜在危险，写入安全警示信息。
2. 上述所列条款为基本的文字信息内容要求。

【标准条款】

4.6　特定位置警示标签的设计

4.6.1　标签方向：应使用水平或垂直放置的标签（见图2）。

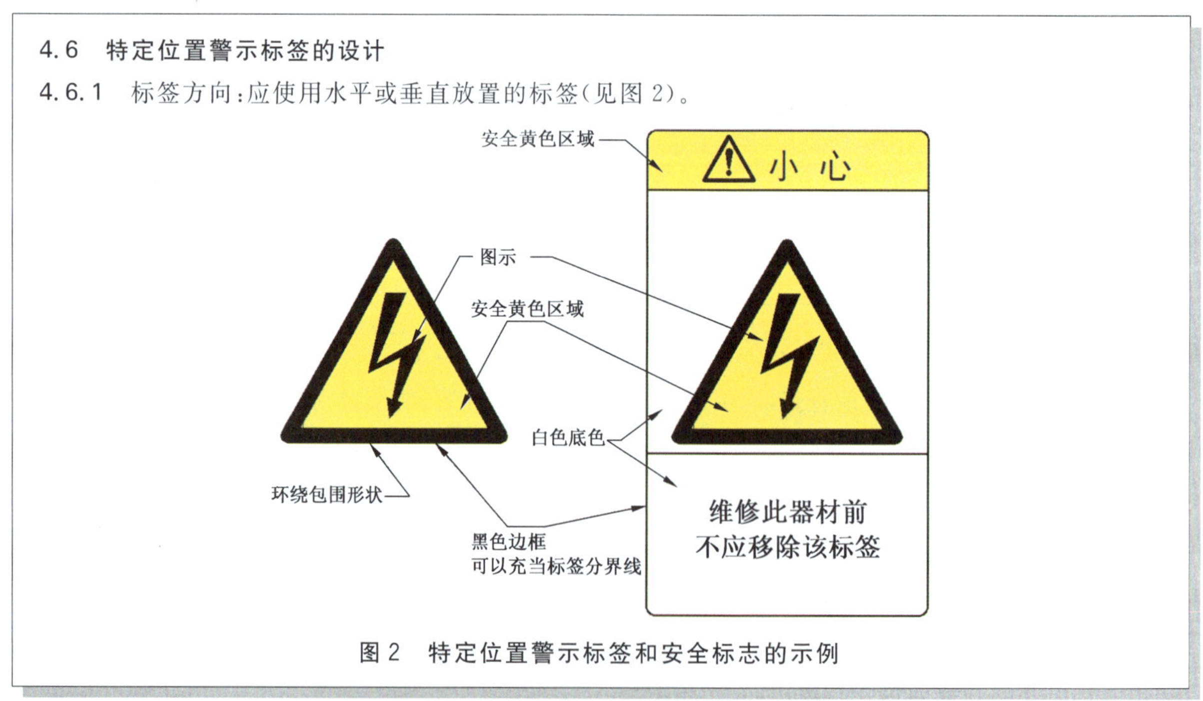

图2　特定位置警示标签和安全标志的示例

【应用要点】

特定位置的警示标签和安全标志应保持水平或垂直方向放置。

【标准条款】

4.6.2　形象化图形符号应按 GB/T 16903(所有部分)的要求设计,且使用者应能接受、理解并快速辨识潜在危险性。

【应用要点】

1. 形象化图形符号设计应符合 GB/T 16903.1 的要求。
2. 按 GB/T 16903.1 的要求进行设计,按 GB/T 16903.2 和 GB/T 16903.3 的要求进行测试。80%以上的使用者应能接受、理解并快速辨识潜在危险性:
——GB/T 16903.1—2008　标志用图形符号表示规则　第 1 部分:公共信息图形符号的设计原则;
——GB/T 16903.2　标志用图形符号表示规则　第 2 部分:理解度测试方法
——GB/T 16903.3　标志用图形符号表示规则　第 3 部分:感知性测试方法

【标准条款】

4.6.3　安全标志:
——应按 GB/T 2893(所有部分)的规定进行设计;
——可以单独使用;
——用于警示使用者对健身器材邻近区域的潜在危险性引起注意的特定位置警示标签外形应是三角形或菱形;
——当安全标志被用于多功能面板标签的局部时外形不做要求,特定位置警示标签的形状可用作安全标志的外形。

【应用要点】

1. 器材上安全标志应按 GB/T 2893《安全色》的规定进行设计。
2. 禁止标志应按图 4-4-5 给出的要求设计。斜杠的中线应穿过禁止标志的中心并覆盖图形符号。
3. 警告标志应按图 4-4-6 给出的要求设计:
——安全色黄色应至少覆盖标志总面积的 50%;
——如果 $b=70$ mm,则 $r=2$ mm。

注:背景色:白色;圆形条带和斜杠:红色;图形符号:黑色。

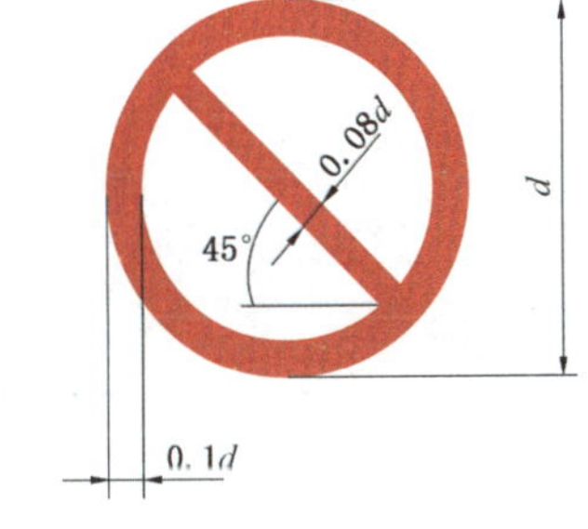

图 4-4-5　禁止标志的设计要求

4. 辅助安全标志背景色应为白色或安全标志的安全色,见图 4-4-7。

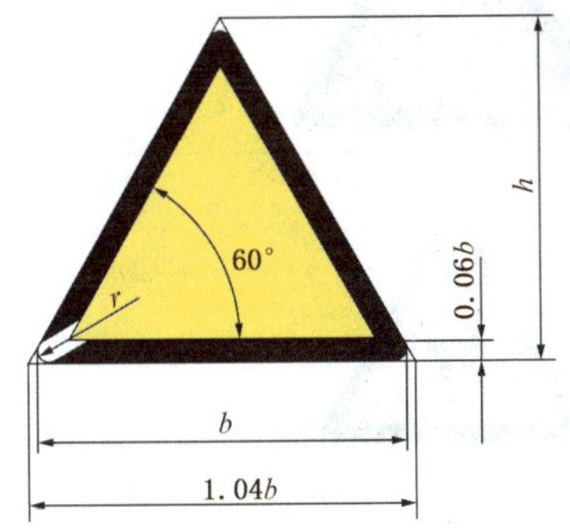

注:背景色:黄色;三角形条带:黑色;图形符号:黑色。

图 4-4-6　警告标志的设计要求

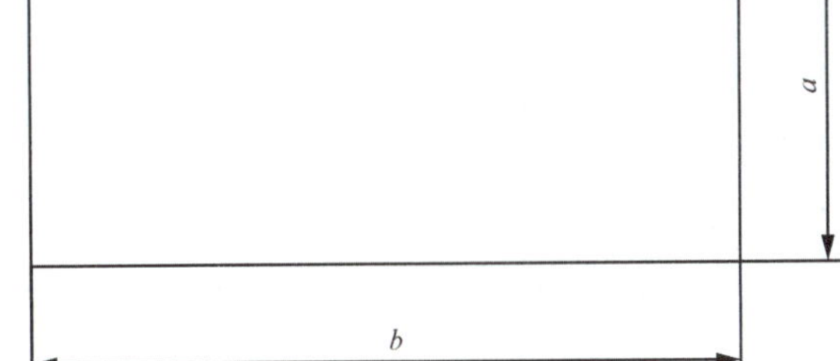

图 4-4-7　辅助标志的设计要求

5. 辅助标志可位于安全标志的上面、下面、左侧或右侧。
6. 安全标志可以在器材上单独使用,也可以并入多功能面板标签。
7. 用于警示使用者对健身器材邻近区域的潜在危险性引起注意的特定位置警示标签外形应是三角形或菱形。

8. 示例见图 4-4-8。

a) 示例 1

b) 示例 2

图 4-4-8 安全标志的示例

【标准条款】

> 4.6.4 边框设计按照 4.5.1.2 的要求。

【应用要点】

本条款给出了边框的设计要求。

【标准条款】

4.6.5 颜色：警示词面板的颜色应符合 4.4 的规定，标签的其余部分应符合 4.5.1.3 的规定。当形象化图形符号单独使用时，应符合 GB/T 2893(所有部分)的规定。形象化图形符号应按表 2 的颜色，其设置如下：

——提示危险时，完全红色背景上的白色图像；

——提示警告时，完全橙色背景上的黑色图像；

——提示小心时，完全黄色背景上的黑色图像。

表 2 形象化图形符号的颜色设置

危险等级	文字颜色	背景颜色	示例
危险	白色	红色	
警告	黑色	橙色	
小心	黑色	黄色	

【应用要点】

本条款给出了标签颜色设计的要求。

【标准条款】

> 4.6.6　字体应为黑体。

【应用要点】

本条款给出了字体的要求。

【标准条款】

> 4.6.7　字高应符合 4.5.1.5 的要求。

【应用要点】

本条款给出了字高的要求。

【标准条款】

> 4.6.8　语言：标签使用的语言应为中文或中英文对照。特定位置警示标签的措词应简练。仅应在标签的明显区域注明可能引起的潜在危险性。

【应用要点】

1. 本条款对特定位置警示标签中所使用的文字给出了要求，标签中应使用中文或中英文对照。
2. 特定位置的警示标签上使用的文字措词应简明易懂。
3. 应在警示标签的明显区域注明可能引起的潜在危险，提醒使用者注意。

【标准条款】

> 4.6.9　使用寿命应符合 4.5.1.7 的要求。

【应用要点】

本条款对特定位置警示标签使用寿命给出了要求。

【标准条款】

> 4.6.10　安装位置：特定位置标签应被永久的固定在器材使用中存在危险的邻近区域。标签应明显可视，容易被使用者辨识。

【应用要点】

1. 本条款给出了特定位置警示标签的安装要求。特定位置的警示标签应永久地固定在器材使用中存在危险的邻近区域。
2. 标签应安装在器材的明显区域，使用者应能够很容易地看到并理解警示内容。

第五节　健身场所安全信息牌设计

【标准条款】

> 5　健身场所安全信息牌设计
>
> 5.1　健身场所安全信息警示语应在安全信息牌顶部使用简单提示语言，如“注意安全”“小心滑倒”等，简单提示语言不应使用警示词。

【应用要点】

1. 健身场所应安装安全信息牌。
2. 安全信息警示语应在安全信息牌顶部使用简单提示语言，如“注意安全”“小心滑倒”等。
3. 简单提示语言不要使用如“危险”“警告”“小心”等警示词。

【标准条款】

> 5.2　信息面板内容应包含下列内容：
>
> ——健身器材存在固有的潜在危险，如果潜在危险性未能避免，可能导致严重的伤害；
>
> ——提示在使用健身器材前应阅读警示标签和使用说明；
>
> ——提示使用者在相关人员指导下使用器材；
>
> ——提示使用者在使用之前检查器材，当健身器材不能正常使用时，应停止使用，并及时告知管理者。

【应用要点】

健身场所安装的安全信息牌应包含5.2条款所示内容。

【标准条款】

> 5.3　安全信息警示语字高不小于9.17 mm。

【应用要点】

本条款规定了安全信息警示语的字体高度。

【标准条款】

> 5.4　标签使用的语言应为中文或中英文对照。

【应用要点】

本条款规定了标签使用的语言。

【标准条款】

> 5.5　在健身场所安全信息牌中不应使用形象化图形符号。

【应用要点】

为了防止部分使用者对形象化图形符号理解有差异，不能正确管控使用器材时可能引起的危险，在健身场所安全信息牌上应使用文字表述安全信息，不应使用形象化图形符号。

【标准条款】

5.6　健身场所安全信息牌的示例见图 3。

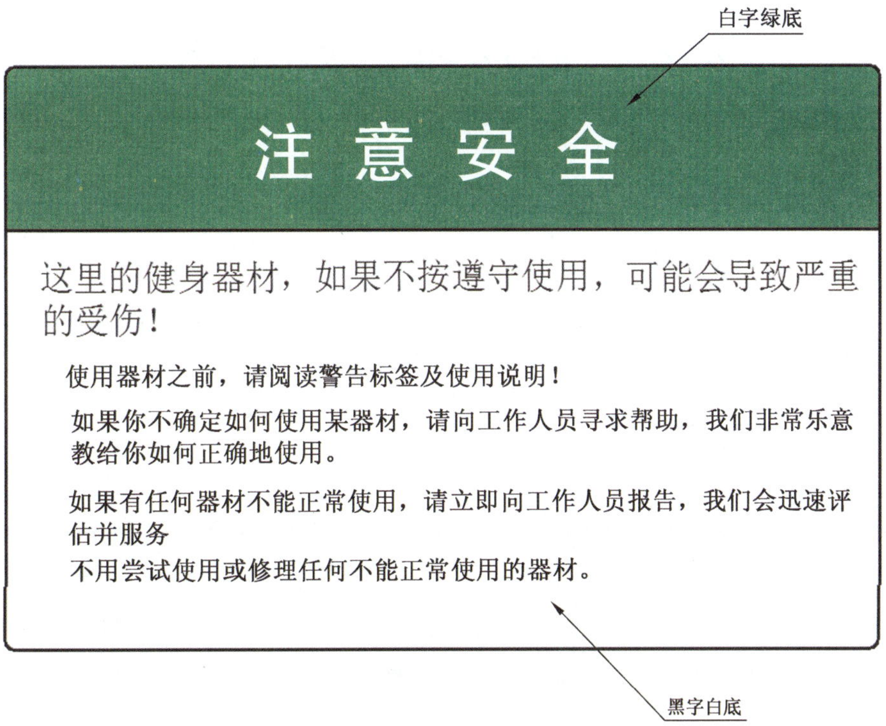

白字绿底

注　意　安　全

这里的健身器材，如果不按遵守使用，可能会导致严重的受伤！

使用器材之前，请阅读警告标签及使用说明！

如果你不确定如何使用某器材，请向工作人员寻求帮助，我们非常乐意教给你如何正确地使用。

如果有任何器材不能正常使用，请立即向工作人员报告，我们会迅速评估并服务

不用尝试使用或修理任何不能正常使用的器材。

黑字白底

图 3　健身场所安全信息牌示例

【应用要点】

1. 标准中的图 3 是健身场所安全信息牌的示例。设计时应参照该格式执行。文字信息可以自行组织。
2. 示例见图 4-5-1。

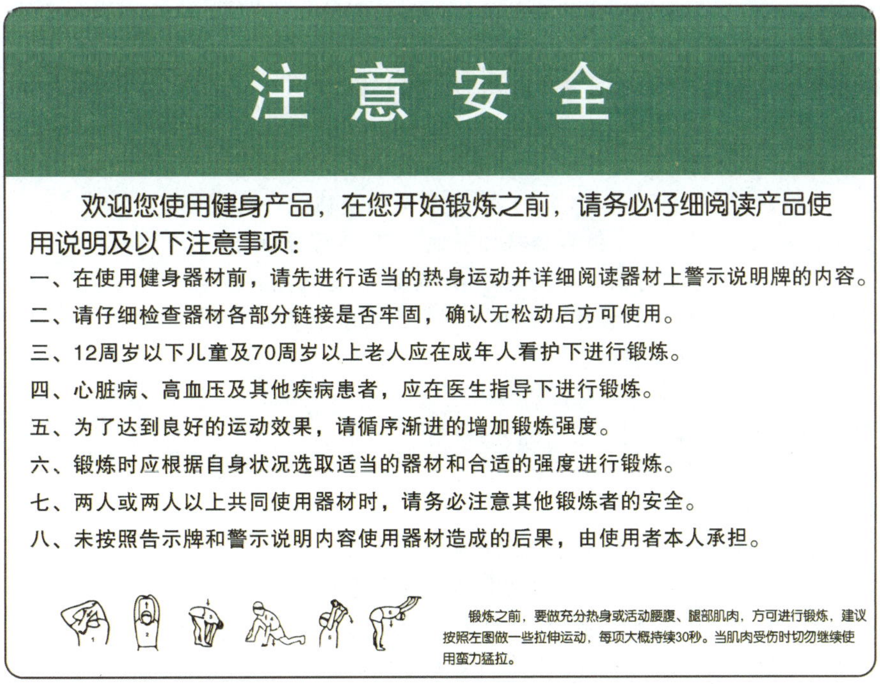

注　意　安　全

欢迎您使用健身产品，在您开始锻炼之前，请务必仔细阅读产品使用说明及以下注意事项：

一、在使用健身器材前，请先进行适当的热身运动并详细阅读器材上警示说明牌的内容。

二、请仔细检查器材各部分链接是否牢固，确认无松动后方可使用。

三、12周岁以下儿童及70周岁以上老人应在成年人看护下进行锻炼。

四、心脏病、高血压及其他疾病患者，应在医生指导下进行锻炼。

五、为了达到良好的运动效果，请循序渐进的增加锻炼强度。

六、锻炼时应根据自身状况选取适当的器材和合适的强度进行锻炼。

七、两人或两人以上共同使用器材时，请务必注意其他锻炼者的安全。

八、未按照告示牌和警示说明内容使用器材造成的后果，由使用者本人承担。

锻炼之前，要做充分热身或活动腰腹、腿部肌肉，方可进行锻炼，建议按照左图做一些拉伸运动，每项大概持续30秒。当肌肉受伤时切勿继续使用蛮力猛拉。

图 4-5-1　安全信息牌的示例

第五章

GB/T 34279—2017《笼式足球场围网设施安全　通用要求》应用指南

第一节　范　　围

【标准条款】

> 1　范围
>
> 本标准规定了笼式足球场的围网设施(以下简称“设施”)的术语和定义、要求、试验方法、安全警示、安装要求、标志和使用说明书。
>
> 本标准适用于笼式足球场的围网设施。

【应用要点】

1. 本章规定了笼式足球场的围网设施要求、试验方法、安全警示、安装要求、标志和使用说明书。
2. 本标准的适用范围,不包括场地面层要求,如:人造草等。

第二节　规范性引用文件

【标准条款】

> 2　规范性引用文件
>
> 下列文件对于本文件的应用是必不可少的。凡是注日期的引用文件,仅注日期的版本适用于本文件。凡是不注日期的引用文件,其最新版本(包括所有的修改单)适用于本文件。
>
> GB/T 1804—2000　一般公差　未注公差的线性和角度尺寸的公差
> GB/T 5296.1　消费品使用说明　第1部分:总则
> GB/T 5296.7　消费品使用说明　第7部分:体育器材
> GB/T 5455　纺织品　燃烧性能　垂直方向损毁长度、阴燃和续燃时间的测定
> GB 5725—2009　安全网
> GB 6675.4—2014　玩具安全　第4部分:特定元素的迁移
> GB/T 19851.14—2007　中小学体育器材和场地　第14部分:球网
> GB/T 19851.15　中小学体育器材和场地　第15部分:足球门
> GB/T 22040—2008　公路沿线设施塑料制品耐候性要求及测试方法
> GB/T 22102—2008　防腐木材
> GB 24613—2009　玩具用涂料中有害物质限量
> GB/T 26941.1—2011　隔离栅　第1部分:通则
> GB 31187　体育用品　电气部分的通用要求
> GB 50057　建筑物防雷设计规范
> GB 50343　建筑物电子信息系统防雷技术规范
> SN/T 1877.2—2007　塑料原料及其制品中多环芳烃的测定方法
> SN/T 1877.4—2007　橡胶及其制品中多环芳烃的测定方法
> SJ/T 11363—2006　电子信息产品中有毒有害物质的限量要求
> TY/T 1002.1—2005　体育照明使用要求及检验方法　第1部分:室外足球场和综合体育场

【应用要点】

1. 本章列出了与标准有关的 19 项国家标准和行业标准。

2. 凡是不注日期的引用文件，应注意采用最新版本标准。

第三节　术语和定义

【标准条款】

3　术语和定义

下列术语和定义适用于本文件。

3.1

笼式足球场　cage football

由围网进行封闭的足球运动场地，见图 1 和图 2。

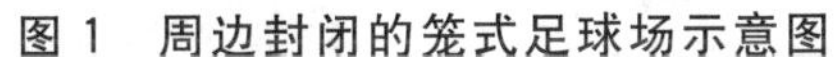

图 1　周边封闭的笼式足球场示意图

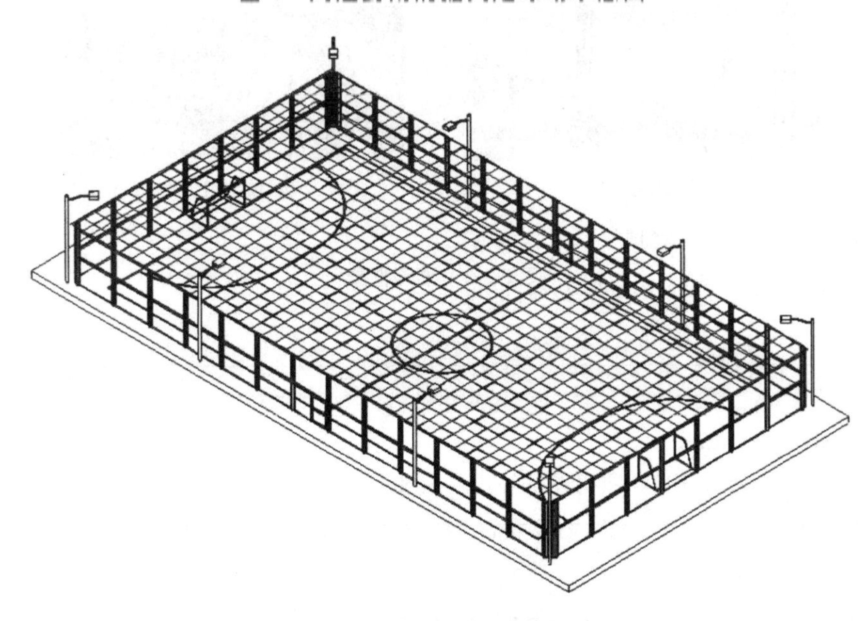

图 2　完全封闭的笼式足球场示意图

【应用要点】

设施按照封闭的形式分：

a）完全封闭，有顶网；

b）周边封闭，无顶网。

该两种形式的场地也是目前最常见结构形式，见图 5-3-1。

a) 完全封闭

b) 周边封闭

图 5-3-1　笼式足球场示意图

【标准条款】

> 3.2
>
> **围网框架　frame fence**
>
> 由立柱、横梁（网框）和网片等组成的单元。

【应用要点】

笼式足球场地围网按照安装固定形式主要有整体组装和单片预制组装两种，见图 5-3-2。

a) 预制组装 1

b) 预制组装 2

说明：1——主柱；2——横梁；3——网片。

图 5-3-2　围网框架

【标准条款】

> 3.3
>
> **围网设施　fence facilities**
>
> 由框架、防护网、出入口（门）和照明设备等构件组成。

【应用要点】

为了保障场地有序性和运动的安全性，由框架、防护网、出入口（门）、照明设备等相关构件组成的隔离设施。

第四节 要 求

【标准条款】

4 要求

4.1 基本要求

4.1.1 设施应结合所在地的气候、自然地形、空间形状、建筑和周围环境等条件进行设置，并与周边环境的空间布局相结合，合理利用广场、绿地、花园等区域。

4.1.2 设施应安装在整体平整，且周围不应有可能伤及人身安全的潜在危险。

4.1.3 设施的结构、功能和可预见的非正常使用不应有潜在危险。

【应用要点】

1. 4.1条款规定了笼式足球场选址、建设及设施的基本要求。
2. 4.1.1条款规定了笼式足球场围网设施的选址与周围环境的布局要求，供人们休闲健身的场所需要因地制宜，合理利用周围有限的空间安置设施。
3. 4.1.2条款规定了设施建设时需考虑周边的环境及地面状况，例如：建设时要远离燃气管道、高压线等。
4. 4.1.3条款规定了笼式足球场围网设施外形和结构设计要遵守的基本要求。设施通常是在无人看管的情况下被使用，使用的人群男女老少皆有，这些使用者中可能许多人并不了解设施的正确使用方法，因此，设施的外形和功能方面除了要保证使用者在正确使用状态下不能出现人身伤害等危险，还要充分考虑到一些可预见性的非正常使用可能出现的潜在危险。

【标准条款】

4.2 材料要求

4.2.1 通则

4.2.1.1 材料选择应符合4.2.2～4.2.4的要求，并应满足设施安全使用寿命的要求。

4.2.1.2 材料选择应防止环境影响导致结构件的老化失效，并应符合GB/T 22040—2008中表2技术要求中序号8的要求。

【应用要点】

1. 4.2规定了笼式足球场围网设施的材料要求。
2. 4.2.1条款规定了笼式足球场围网设施材料的通用要求。根据设施结构的特性，如四周围网和顶网等材料，这些材料会由于阳光照射、温度的冷热变化等环境影响而过早老化失效，导致设施功能失效，因此4.2.1.2条款要求在材料选择时，应防止环境影响导致结构件的老化失效，保证设施在安全使用寿命内的正常使用。

【标准条款】

4.2.2 防腐性

4.2.2.1 木制材料

材料选择与处理应符合：

——与地面保持连接且影响结构稳定性的部件防腐处理按5.2.1.1检验应符合GB/T 22102—2008中C4A类要求；

——其他部件防腐处理按5.2.1.2检验应符合GB/T 22102—2008中C3类要求；

——与木质材料连接的金属件应防止木材防腐处理对金属件的腐蚀。

4.2.2.2 金属材料

不具有防腐性能的金属材料应采取表面防腐蚀处理。

5.2 材料检验

5.2.1 木质材料防腐性的检验

5.2.1.1 木质材料材质按 GB/T 22102—2008 中 4.3 检验。

5.2.1.2 木质材料防腐处理质量按 GB/T 22102—2008 中 4.4 检验。

【应用要点】

1. 木制材料在设施中应用较多,用在室外的木质材料应能在安全使用寿命期限内保持原有的各种性能,防腐处理是非常重要,本条款要求使用在设施中的木质材料要进行防腐处理,处理后与地面连接的且影响结构稳定性的部件,应能满足 GB/T 22102—2008《防腐木材》使用环境分级中的 C4A 类,其他部件防腐处理后应能满足 GB/T 22102—2008 使用环境分级中的 C3 类。防腐木材使用环境分级见表 5-4-1。

表 5-4-1 防腐木材使用环境分级

使用分类	使用条件	应用环境	主要生物败坏因子	典型用途
C3	户外,但不接触土壤	在室外环境中使用,暴露在各种气候中,包括淋湿,但不长期浸泡在淡水中	蛀虫、白蚁、木腐菌	平台、步道、栈道的甲板、户外家具、建筑外门窗
C4A	户外,且不接触土壤或浸在淡水中	在室外环境中使用,暴露在各种气候中,且与地面接触或长期浸泡在淡水中	蛀虫、白蚁、木腐菌	围栏支柱、支架、木屋基础、冷却水塔、电杆、矿柱(坑木)

2. 木材进行防腐处理后,其使用的防腐剂可能对金属件有腐蚀作用,进而影响到器材的安全使用寿命,因而 4.2.2.1 条款要求与木质材料连接的金属件应考虑防腐。
3. 按照 GB/T 22102—2008 中规定的检验方法和规则进行木质材料的检验和其防腐处理质量的检验。
4. 设施所用的许多金属材料像碳钢等不具备防腐性能,为保证设施安全使用寿命,4.2.2.2 条款要求这些不具备防腐性能的金属材料应采取表面防腐处理,例如可采取表面涂料涂覆、电镀、热喷涂等方法。

【标准条款】

4.2.3 阻燃性

4.2.3.1 纺织类材料阻燃性能按 5.2.2.1 试验后,纵、横方向的续燃、阴燃时间应不大于 4 s。

4.2.3.2 其他材料按 5.2.2.2 检验,材料表面留下的燃烧斑块的直径应不大于 50 mm。

5.2.2 阻燃性的检验

5.2.2.1 纺织类材料

纺织类材料阻燃性能按 GB/T 5455 中规定的方法进行测试。

5.2.2.2 其他材料

其他材料阻燃性能测试如下:

——试验准备:从试验材料上取 150 mm×150 mm 试样 1 块,由重叠的直径为 25 mm 的薄纤维织物组成的纤维层圆片(如:薄棉布),浓度为 96%的酒精,容量为 10 mL 的量筒或 2.5 mL 的移液管。

——试验步骤:将重量为 0.8 g 的重叠的纤维层圆片用 2.5 mL 酒精均匀浸泡后放置在试样的中部,然后点燃并使其自然燃烧,当燃烧火焰和余辉熄灭后,测量在试样表面留下的燃烧斑块的直径大小(精确到 1 mm)。

——试验应在不通风的地方进行。

——在燃烧时,如纤维层发生翻转而影响燃烧斑块的大小时,应重新更换试样补做试验。

【应用要点】

1. 4.2.3 条款规定了设施用材料的阻燃性要求。
2. 当设施使用纺织类材料时,如顶网,存在火灾隐患,4.2.3.1 条款中对材料的阻燃性做了具体要求,在要求规定的试验条件下,燃烧的时间应不大于 4 s;
3. 5.2.2 条款规定了材料的阻燃性试验方法,对设施中使用的非金属材料,分别取样进行试验,试验时特别注意受风的影响,造成火焰偏离,使得燃烧斑块面积发生变化,造成判断失误。
4. 5.2.2.1 条款按照 GB/T 5455《纺织品 燃烧性能 垂直方向损毁长度、阴燃和续燃时间的测定》中规定的检验方法和规则对纺织类材料的阻燃性进行检验。
5. 设施中除上述中使用的金属材料和纺织类材料外,还采用了其他的新型材料,如防腐木材、塑木、塑料等,存在火灾隐患,因此 4.2.3.2 条款对笼式足球场设施中所选用的其他材料的阻燃性提出按 5.2.2.2条款检验后其材料表面留下的燃烧斑块的直径应不大于 50 mm。
6. 5.2.2.2 条款规定了其他材料阻燃性的试验方法,如果在燃烧时由于温度的原因造成纤维层发生反转或移动,而会影响燃烧斑块的大小,这时应重新取样进行试验,以确保试验结果的准确性。

【标准条款】

4.2.4 有害物质

表面易接触材料按照 5.2.3 检验时,有害物质含量不应超过表 1 的规定。

表 1 有害物质最大限量值

序号	项目		限值
1	铅含量		≤600 mg/kg
2	镉含量		≤100 mg/kg
3	可溶性铅含量		≤60 mg/kg
4	邻苯二甲酸酯含量(仅适于表面涂层)	邻苯二甲酸二异辛酯(DEHP)、邻苯二甲酸二丁酯(DBP)和邻苯二甲酸丁苄酯(BBP)总和	≤0.1%
		邻苯二甲酸二异壬酯(DINP)、邻苯二甲酸二异癸酯(DIDP)和邻苯二甲酸二辛酯(DNOP)总和	≤0.1%
5	多环芳烃含量(仅适于橡胶和塑料材料)	苯并[a]芘	<1 mg/kg
		十六种多环芳烃{萘、苊烯、苊、芴、菲、蒽、荧蒽、芘、苯并[a]蒽、屈、苯并[a]荧蒽、苯并[k]荧蒽、苯并[a]芘、二苯并[a,h]蒽、苯并[g,h,i]苝、茚苯[1,2,3-cd]芘}总和	<10 mg/kg

5.2.3　**有害物质检验**

5.2.3.1　铅含量、镉含量按照 SJ/T 11363—2006 检验。

5.2.3.2　可溶性铅含量按照 GB 6675.4—2014 检验。

5.2.3.3　邻苯二甲酸酯含量按照 GB 24613—2009 检验。

5.2.3.4　塑料件多环芳烃按照 SN/T 1877.2 检验。

5.2.3.5　橡胶件多环芳烃按照 SN/T 1877.4 检验。

【应用要点】

1. 根据我国出台的有害物质限量相关法规和标准，对有害物质控制提出了要求。笼式足球场设施在使用过程中处于与人体密切接触的状态，为减少使用者受到有害物质的伤害以及器材废弃物可能对环境的影响，4.2.4 条款提出了对有害物质的限量要求。
2. 考虑到在使用中最易受到伤害的儿童使用状态，参考国内外类似相关有害物质控制法规和标准，如 GB 19272—2011《室外健身器材的安全　通用要求》、GB 24613—2009《玩具用涂料中有害物质限量要求》、GB 6675.4—2014《玩具安全　第 4 部分：特定元素的迁移》等，标准 4.2.4 条款对铅、镉、可溶性铅、邻苯二甲酸脂和多环芳烃五大类有害物质提出了限量要求。
3. 各有害物质的检验按照标准中 5.2.3 条款规定的相关标准进行。
4. 对于可能含有害物质的原材料，生产商采购时必须要求供应商提供具备资质的第三方出具的有害物质合格的检测报告，以及供应商对后续工序无二次污染的质量承诺，并归档保存。第三方对生产商的产品进行检验或认证时，可要求生产商提供其供应商所供材料有害物质含量合格的检测报告及关于后续工序无二次污染的质量承诺。

【标准条款】

4.3　**结构要求**

4.3.1　**围网框架**

4.3.1.1　围网框架底部与运动地面之间的间隙应小于 55 mm，按 5.3.1.3 检验。

5.3.1.3　围网框架底部与运动地面之间的间隙检验，检验试棒，见图 3。

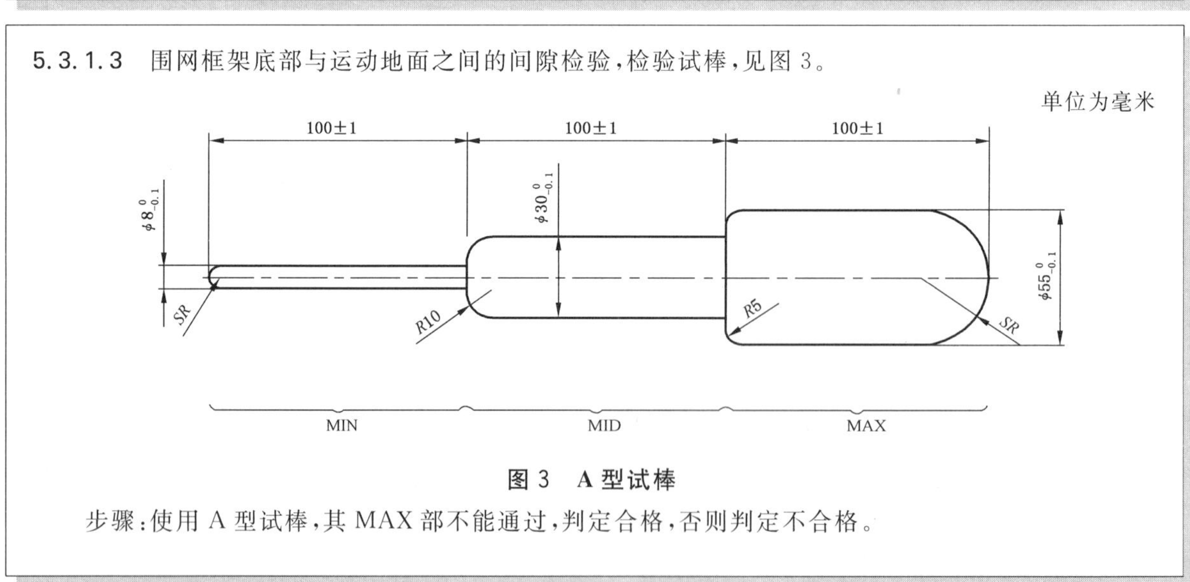

图 3　**A 型试棒**

步骤：使用 A 型试棒，其 MAX 部不能通过，判定合格，否则判定不合格。

【应用要点】

1. 4.3 条款规定了设施的结构要求。
2. 4.3.1 条款规定了围网框架底部与运动地面的间隙要求。
3. 笼式足球场围网设施分为无边界（以围网作为运动边界）和带边界（围网不作为运动边界，带缓冲区）

两种类型,尤其是使用无边界的围网设施时,使用者运动时易靠近围网框架边上,使用者如铲球或意外撞击时,防止脚部铲入框架底部造成脚部伤害。

4. 5.3.1.3 条款规定了围网框架底部与运动地面间隙检验的工具、步骤和判定方法。检验试棒和检验判定方法见图 5-4-1。

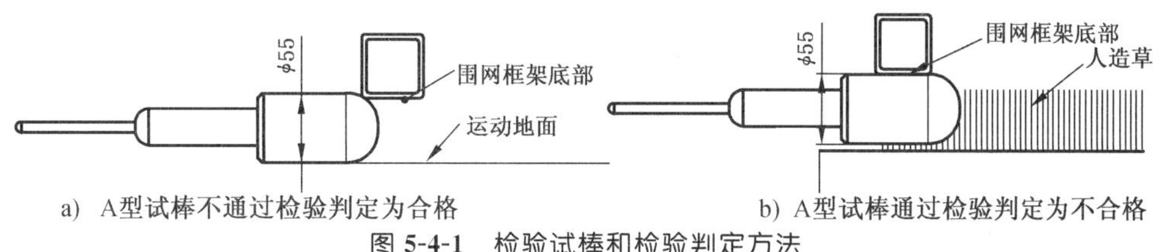

图 5-4-1 检验试棒和检验判定方法

【标准条款】

> 4.3.1.2 球门边框外延 2 000 mm 范围内的围网应符合 4.4.4 的要求。

【应用要点】

1. 4.3.1.2 条款规定了球门边框外延 2 000 mm 范围内的围网抗冲击性能要求(包括整个围网四周高度 2 000 mm范围内的围网)。
2. 球门边框外延 2 000 mm 范围内(包括整个围网四周高度2 000 mm范围内的围网)围网框架频繁受到足球或使用者的冲击,球门周边围网发生伸张收缩,可能出现严重变形、破损的风险而对人身造成伤害,故对球门边框外延 2 000 mm 范围内(包括整个围网四周高度2 000 mm范围内的围网)的围网提出抗冲击性能要求。
3. 试验分别按照 5.4.4.1 条款和 5.4.4.2 条款进行。

【标准条款】

> 4.3.1.3 高度 2 000 mm 范围内的立柱和框架应设置缓冲防护层。
> 4.3.1.4 在 2 000 mm 高度范围内,运动过程中的易接触部件表面应光滑、平整、无锐边或锐角和毛刺。
> 4.3.1.5 网面应平整,无断丝。

> 5.3.1.1 4.3.1.3、4.3.1.4、4.3.1.5、4.3.1.11、4.3.1.12 和 4.3.1.13 进行感官检验。

【应用要点】

1. 4.3.1.3 条款规定高度 2 000 mm 范围内(含 2 000 mm)的立柱和框架设置缓冲防护层,要求高度2 000 mm范围内的立柱和网框在运动场的一面增加缓冲防护层。其目的是为了保护使用者在意外摔倒或撞击到立柱和框架上,造成使用者意外伤害,高度 2 000 mm 范围内的立柱和框架缓冲防护层的示例见图 5-4-2。

图 5-4-2 高度 2 000 mm 范围内的立柱和框架缓冲防护层的示例

2. 防护层宜采用与框架反差大的颜色，应及时合理维护缓冲防护层，维护不当易降低缓冲效果。
3. 4.3.1.4 条款规定了 2 000 mm 高度范围内易接触部件表面的要求，目的是避免使用者受到伤害。要求在运动过程中易接触到的网框、网面、网丝等部位表面应光滑、平整、无锐边或锐角和毛刺。
4. 4.3.1.5 条款规定了网面的要求，考虑围网框架整体的网面外观和使用安全，提出了网面应平整，无断丝。
5. 5.3.1.1 条款规定了检验方法。

【标准条款】

> **4.3.1.6**　网丝直径小于 6 mm 或横截面积小于 28 mm²，在 2 000 mm 高度范围内，网孔的孔径按 5.3.1.4检验。

> **5.3.1.4**　在 2 000 mm 高度范围内，网丝直径小于 6 mm 或横截面积小于 28 mm² 的网格孔径检验，检验试棒，见图 3。
>
> 步骤：使用 A 型试棒，其 MAX 部不能通过，判定合格，否则判定不合格。

【应用要点】

1. 4.3.1.6 条款规定了在一定高度、网丝直径或横截面积的范围内，对网孔的孔径要求。
2. 常见框架围网一般是编织、拉伸、焊接而成，网丝包括包覆浸塑金属丝、包覆浸塑冲压拉花金属网、金属丝，金属链、纤维绳、包覆钢丝绳、钢丝绳、尼龙绳等，常见网丝示例见图 5-4-3。

a) 编织网　　b) 链网　　c) 栅栏网　　d) 焊接网

图 5-4-3　常见网丝示例

3. “网丝直径小于 6 mm 或横截面积小于 28 mm²”是指当使用金属链作为网丝时，以链扣计算横截面积，链扣横截面积计算：$2\times S$，示例见图 5-4-4。

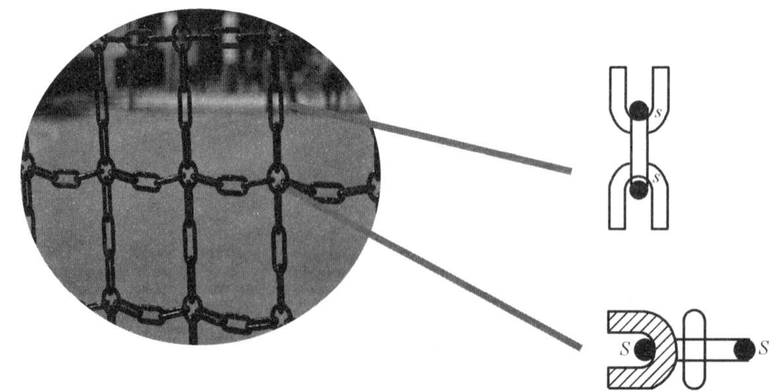

说明：

S——链扣的单股横截面积。

图 5-4-4　链扣横截面积计算的示例

4. 在 2 000 mm 高度范围内，考虑使用者在运动时意外猛烈撞击到网片上时，防止网孔太大对肘部进入网孔引起划伤、脱皮等身体伤害；故要求网孔孔径使用 A 型试棒的 MAX 部不能通过。
5. 5.3.1.4 条款规定了对网孔检验的工具、步骤和判定方法。检验方法见图 5-4-5。

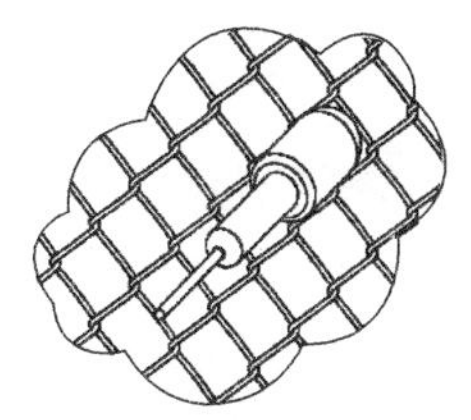
a) 检验工具未通过合格

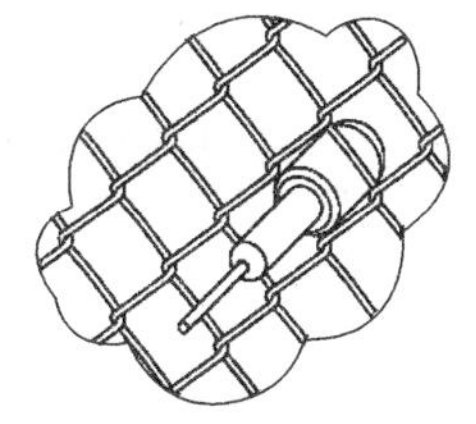
b) 检验工具通过不合格

图 5-4-5 网孔检验的示例

【标准条款】

4.3.1.7 网丝直径大于或等于 6 mm 或圆横截面积大于或等于 28 mm^2，在 2 000 mm 高度范围内，网孔的孔径按 5.3.1.5 检验，C 型、E 型试棒不应通过。

5.3.1.5 在 2 000 mm 高度范围内，网丝直径大于或等于 6 mm 或横截面积大于或等于 28 mm^2 的网孔孔径检验，检验试棒，见图 4。

单位为毫米

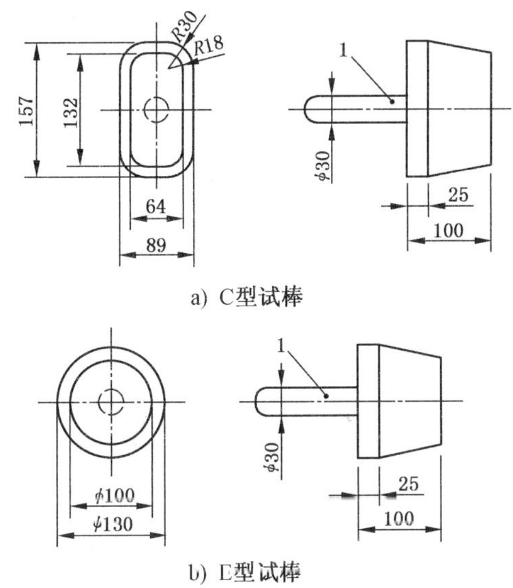

说明：
1——手把。

图 4 网丝直径大于或等于 6 mm 或横截面积大于或等于 28 mm^2 的网孔孔径检验试棒

步骤：使用 C 型和 E 型试棒，均不能通过，判定合格；否则判定不合格。

【应用要点】

1. 4.3.1.7 条款规定了在一定高度、网丝直径或横截面积的范围内，对网孔的孔径要求。
2. 为了防止使用者和第三者意外将头部或身体伸入网孔和框架连接网片的间隙内，及足球从网孔内飞出场地对人身产生伤害，确定在 2 000 mm 高度范围内，C 型和 E 型试棒两者均不得通过网孔和框架连接网片的间隙。
3. C 型、E 型试棒代表的人体部位如下：
   ——C 型试棒：幼儿躯干；
   ——E 型试棒：儿童头部下限。
4. 围网网孔是完全闭合开口，形状是完全闭合的规则或不规则开口，示例见图 5-4-6。

a) 链网完全闭合开口

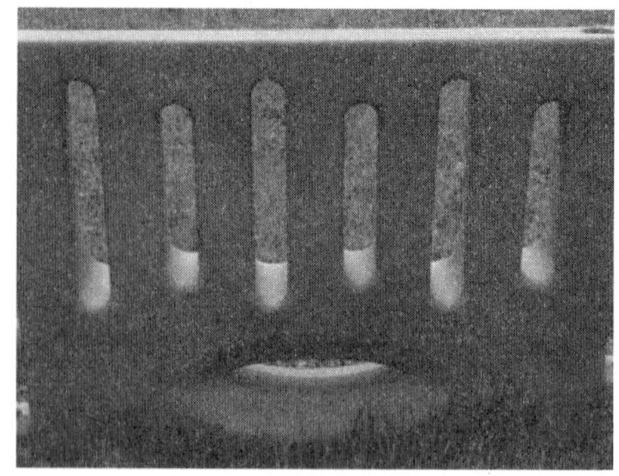

b) 挡板完全闭合开口

c) 栅栏网完全闭合开口

d) 绳网完全闭合开口

图 5-4-6　网孔完全闭合开口的示例

5. 5.3.1.5 条款规定了对网孔检验工具、步骤和判定方法。检验方法见图 5-4-7。

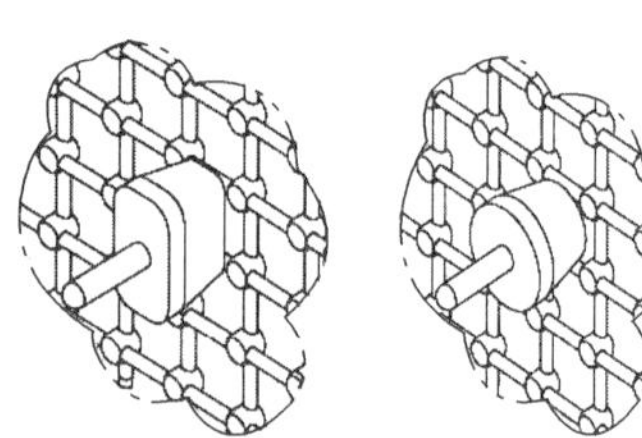

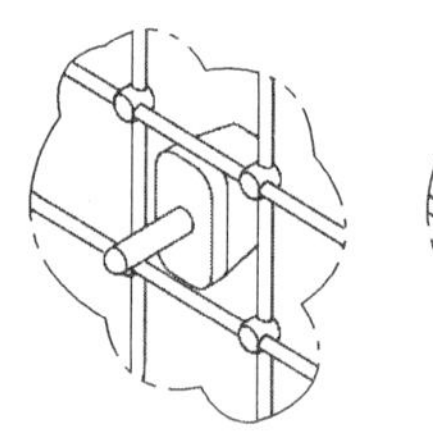

a) 检验工具通不过为合格

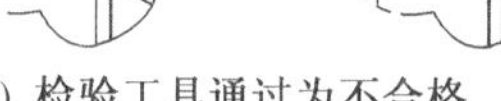

b) 检验工具通过为不合格

图 5-4-7　网孔检验的示例

【标准条款】

> **4.3.1.8**　在 2 000 mm 以上高度的侧网网格孔径不应对头颈产生卡夹，按 5.3.1.6 检验，B 型试棒的 S 部不应通过。

> **5.3.1.6**　在 2 000 mm 以上高度的侧网网格孔径检测，检验试棒，见图 5。
>
> 单位为毫米
>
> 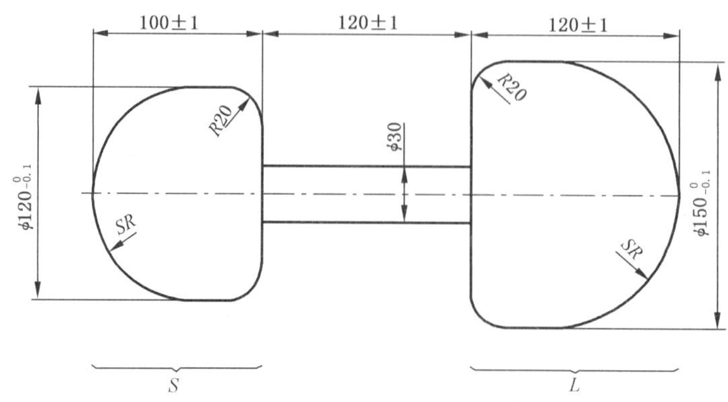
>
>
> 图 5　**B 型试棒**
>
> 步骤：使用 B 型试棒，其 S 部不能通过，判定合格，否则判定不合格。

【应用要点】

1. 4.3.1.8 条款规定了 2 000 mm 以上高度的侧网的孔径要求。
2. 防止使用者或第三者头颈部意外伸入网孔中造成头颈卡夹，及防止足球从网孔中飞出场地，2 000 mm 以上高度的侧网孔径应确保 B 型试棒的 S 部不应通过。B 型试棒 S 部代表人体头部下限部位。
3. 5.3.1.6 条款规定了 2 000 mm 以上高度的侧网网孔检验、检验试棒、步骤和判定方法。检验判定方法见图 5-4-8。

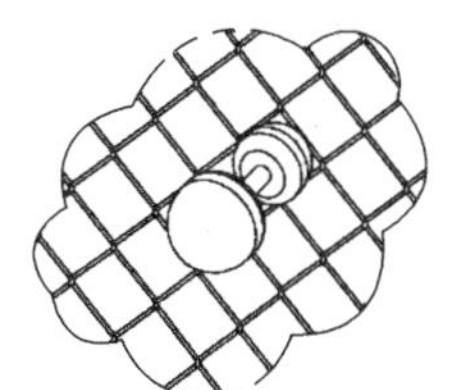

a) 检验试棒通过为不合格

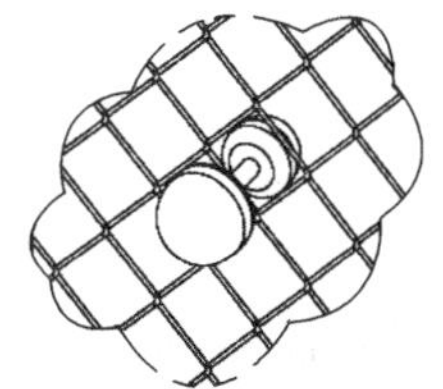

b) 检验试棒不通过为合格

图 5-4-8 侧网网孔检验的示例

【标准条款】

4.3.1.9 围网设施结构如有顶网，其网格孔径应防止球飞出，按 5.3.1.7 检验，B 型试棒的 S 部应通过，且 B 型试棒的 L 部不应通过。

5.3.1.7 顶网网格孔径检验，检验试棒，见图 5。

步骤：使用 B 型试棒，其 S 部能通过，且 L 部不能通过，判定合格，否则判定不合格。

【应用要点】

1. 4.3.1.9 条款规定了围网设施结构如有顶网，网格孔径的要求。
2. B 型试棒的 S 部应能通过顶网的网孔，减少积雪可能造成的危险；L 部应不能通过顶网的网孔，防止足球从网孔飞出。
3. 常用足球规格尺寸如下：

——5 号球，直径 21.5 cm，11 人场比赛用球；

——4 号球，直径 19 cm，5 人或 7 人场比赛用球，女子足球和青少年用球；

——3 号球，直径 18 cm，供孩子训练学习用球。

4. 围网设施结构带有顶网的示例见图 5-4-9。

图 5-4-9 围网设施结构带有顶网的示例

5. 5.3.1.7 条款规定了顶网孔径的检验、检验试棒、步骤和判定方法，检验判定方法见图 5-4-10。

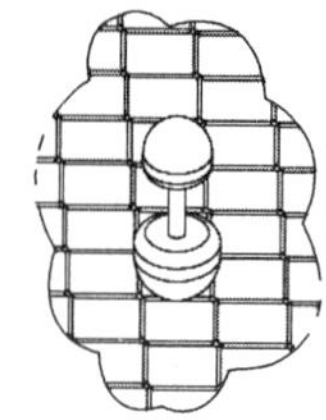

a) 检验试棒不通过为合格

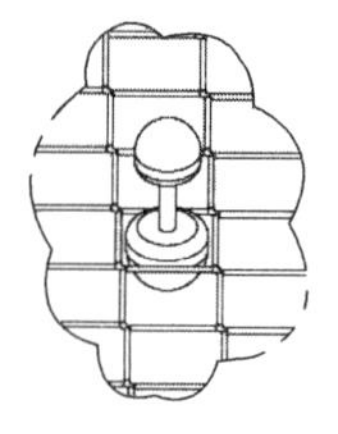

b) 检验试棒通过为不合格

图 5-4-10　顶网网孔检验的示例

【标准条款】

4.3.1.10　网孔或缝隙不应存在对手指的卡夹，按 5.3.1.8 检验，A 型试棒的 MIN 部不应通过。或 A 型试棒的 MID 部应通过，MAX 部不应通过。

5.3.1.8　手指卡夹检验，检验试棒，见图 3。

步骤一：使用 A 型试棒，其 MIN 部不能通过，判定为合格；否则进入步骤二；

步骤二：使用 A 型试棒，其 MID 部能通过，且 MAX 部不能通过，判定合格，否则判定不合格。

注：试棒使用时应垂直于开口平面并施以一个 222 N±5 N 的力检测。

【应用要点】

1. 4.3.1.10 条款规定了网孔和缝隙的要求。

2. 对于网孔和缝隙的结构，其最小距离或直径应小于 8 mm 或者大于 30 mm 并小于 55 mm，即8 mm直径的指型试棒在任意方向都不能通过，或者 30 mm 直径的指型试棒能通过，55 mm 指型试棒不能通过，判定合格，否则为不合格。危及手指的网孔结构见图 5-4-11。

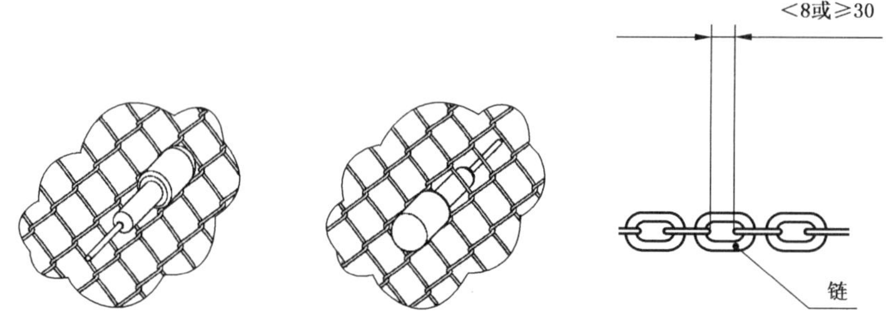

a) 检验试棒不通过为合格　b) 检验试棒通过为不合格　c) 链条的孔隙

图 5-4-11　危及手指的缝隙、孔结构的示例

3. 5.3.1.8 条款规定了手指卡夹检验工具、步骤和判定方法，检验时用 A 型试棒检验，如果网孔或缝隙大小接近试棒，可垂直于开口平面施以 222 N±5 N 的力使试棒通过或不通过，检验和判定见图 5-4-12。

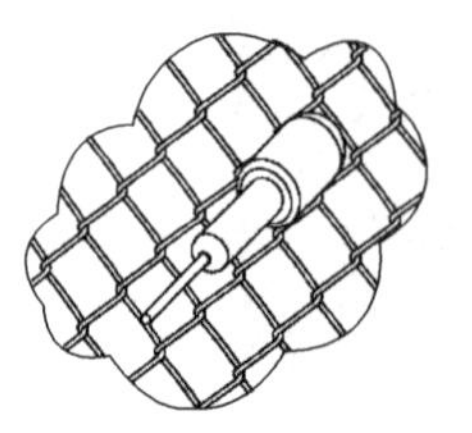

a) 检验试棒不通过为合格

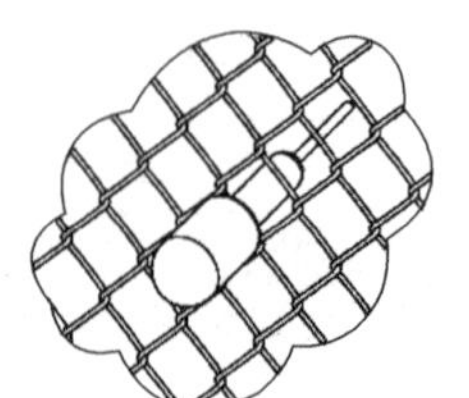

b) 检验试棒通过为不合格

图 5-4-12　检验和判定图示

【标准条款】

> 4.3.1.11 设施各部位螺钉、螺母等紧固件应紧固可靠且防锈和防松。螺纹突出部分不应超过其螺距 3 倍的长度。使用者易接触区域应永久覆盖住突出的螺栓、螺纹。

> 5.3.1.1 4.3.1.3、4.3.1.4、4.3.1.5、4.3.1.11、4.3.1.12 和 4.3.1.13 进行感官检验。

【应用要点】

1. 4.3.1.11 条款规定了设施使用的紧固件要求。
2. 笼式足球场围网设施一般是安装在室外,考虑到使用环境和人身安全,对紧固件提出了具体的防护和螺纹突出部分要求及使用者易接触区域应永久覆盖住突出的螺栓、螺纹。
3. 使用者易接触区域一般指高度 2 000 mm 以下范围。
4. 5.3.1.1 条款规定了紧固件的检验方法。

【标准条款】

> 4.3.1.12 围网网丝端部应固定处置,不应外露。

> 5.3.1.1 4.3.1.3、4.3.1.4、4.3.1.5、4.3.1.11、4.3.1.12 和 4.3.1.13 进行感官检验。

【应用要点】

1. 4.3.1.12 条款规定了围网网丝端部的要求。
2. 当受到外力撞击时围网变形导致网丝端头部分脱出,以及网丝编制端头部位裸露对使用者造成身体伤害,要求网丝端部固定牢固且不允许外露,网丝端部固定方式见图 5-4-13。

a) 外露的网丝端头

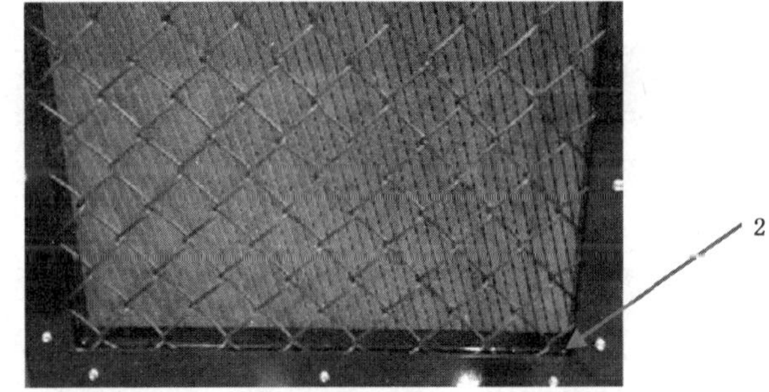

b) 隐藏的网丝端头

说明:1——外露的网丝接头;2——隐藏的网丝端头。

图 5-4-13 网丝端部固定方式的示例

3. 5.3.1.1 条款规定了网丝端部检验方法。

【标准条款】

> 4.3.1.13 围网的四角宜设置防止死球发生的结构。
> 4.3.1.14 围网不作为运动边界时,缓冲区宽度应不小于 1 500 mm。

> 5.3.1.1 4.3.1.3、4.3.1.4、4.3.1.5、4.3.1.11、4.3.1.12 和 4.3.1.13 进行感官检验。
> 5.3.1.2 小于 230 mm 的线性尺寸的未注公差按 GB/T 1804—2000 中的 m 级规定进行检验,其余线性尺寸未注公差按 GB/T 1804—2000 的 V 级规定进行检验,应选用满足检验准确度的量具测量。

【应用要点】

1. 4.3.1.13 条款规定了围网四角的要求。
2. 4.3.1.14 条款规定了缓冲区的要求。
3. 利用围网作为边界的设施，使用者争、抢球时足球易滚到围网内部四角出现死球现象，影响运动效果和乐趣，对于无边界的围网，建议将围网内部的四角设计为防止死球的结构。
4. 围网不作为运动边界时，场地要求带有缓冲区，缓冲区的边线和端线缓冲距离应不小于1 500 mm，从边线和端线外沿进行测量。
5. 5.3.1.1 和 5.3.1.2 条款规定了围网四角和缓冲区的检验方法。

【标准条款】

4.3.2 出入口(门)

4.3.2.1 设施应设置不少于两个出入口(门)。

4.3.2.2 每个出入口(门)净宽度应不小于 1 400 mm，若设置门，门应向外平开。

4.3.2.3 门与门柱的间隙应小于 8 mm 或大于或等于 30 mm，按 5.3.2 检验。

5.3.2 出入口(门)

检验试棒，见图 3。

步骤一：使用 A 型试棒，其 MIN 部不能通过，判定合格，否则进入步骤二；

步骤二：使用 A 型试棒，其 MID 部能通过，且 MAX 部不能通过，判定合格，否则判定不合格。

【应用要点】

1. 4.3.2 条款规定了设施出入口的要求。
2. 设施的出入口(门)考虑到围网设施为四周封闭，如发生意外灾害或自然灾害时，能快速撤离场地，根据《安全通道消防通道安全技术标准》5.1.1 条款和 5.1.8.1 条款，出入口(门)不应少于 2 个，使用宽度不小于 1 400 mm 并向外平开的要求。
3. 门和门柱的间隙应小于 8 mm 或不小于 30 mm。即 A 型试棒的 MIN 部均不应通过；或 A 型试棒的 MID 部应通过。
4. 5.3.2 条款规定了门与门柱间隙检验方法。

【标准条款】

4.3.3 足球门(网)

足球门应符合 GB/T 19851.15 的要求。足球网应符合 GB/T 19851.14—2007 中 5.4 的要求。

5.3.3 足球门(网)

足球门按照 GB/T 19851.15 检验。足球网按照 GB/T 19851.14—2007 检验。

【应用要点】

1. 4.3.3 条款规定了足球门(网)的要求。
2. 笼式足球场围网设施使用的足球门一般分为两种型式，一种是利用围网作为运动边界其采用围网框架一体围成的足球门，另一种是围网不作为运动边界时采用独立足球门，设施足球门型式示例见图 5-4-14。

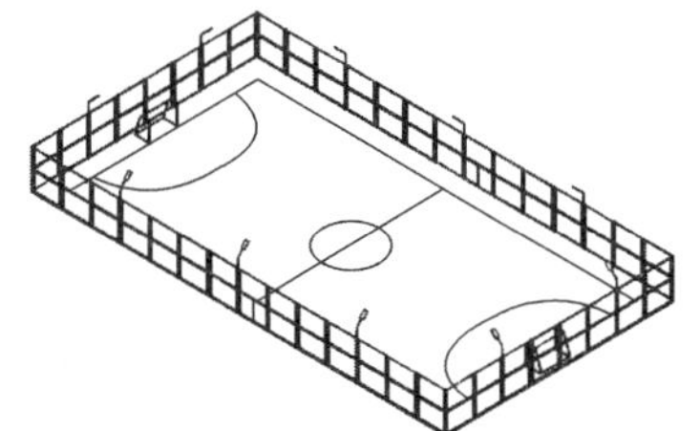

a) 采用独立足球门

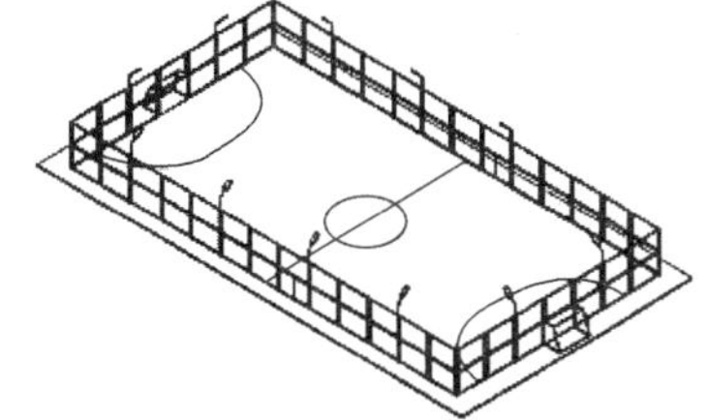

b) 采用围网框架一体围成的足球门

图 5-4-14　设施配备足球门型式的示例

3. 足球门分类如下：

——1 号足球门，11 人制足球比赛使用；

——2 号足球门，7 人制足球比赛使用；

——3 号足球门，5 人制足球比赛使用。

4. GB/T 19851.15《中小学体育器材和场地　第 15 部分：足球门》规定了中小学生器材和场地中足球门的规格尺寸、门柱及横梁、外观、稳定性、静负荷等要求，笼式足球围网设施使用的足球门应遵循此标准的规定。

5. GB/T 19851.14—2007《中小学体育器材和场地　第 14 部分：球网》中 5.4 条款规定了中小学生和场地中使用 1 号足球网、2 号足球网、3 号足球网的基本尺寸要求，笼式足球围网设施使用的足球网应遵循此标准的规定。

6. 5.3.3 条款规定了足球门(网)检验方法。

【标准条款】

> **4.4　性能要求**
>
> **4.4.1　网丝(绳)拉断力**
>
> 2 000 mm 以上的侧网的最大拉断力应不小于 2 000 N；设施结构若有顶网，顶网的最大拉断力应不小于 500 N。

> **5.4　性能检验**
>
> **5.4.1　网丝(绳)拉断力**
>
> 从样品的任意一端截取 400 mm～600 mm 长的试样，应采取必要的措施以避免试样的退捻。将试样装夹到拉力试验机上，以不超过 250 mm/min 的拉伸速度，拉伸至试样断裂，读取读数。

【应用要点】

1. 4.4.1 条款规定了网丝(绳)拉断力的要求。

2. 围网侧网的 2 000 mm 以上高度的网片丝或绳所能承受的最大拉断负荷，以及顶网丝或绳所能承受的最大拉断负荷。

3. 规定侧网 2 000 mm 以上是排除了人体对侧网的撞击因素，只考虑足球对侧网的冲击，而且考虑足球的冲击频次比 2 000 mm 以下要低，所以，规定的拉断力要比 2 000 mm 以下所要承受的冲击相对宽松。

对于 2 000 mm 以下的侧网，由 5.4.4.1 的抗球冲击及 5.4.4.2 的抗使用者冲击对其性能进行验证。

4. 对于顶网，因为其离地面具有较高的高度，一般至少为 4 m，足球对其形成的冲击力会小得多，所以，规定的拉力仅为侧网的四分之一。

5. 5.4.1 条款规定了网丝(绳)拉断力检验方法。规定了对网丝或网绳拉断力检验试样的制样长度、制样注意事项、拉伸速度、拉伸程度及结果获取方式等。检验程序如下：

a) 样品截取是任意的；

b) 样品长度为 400 m～600 m，可视拉力机的行程而定；

c）如果每根网丝或网绳由多根细丝或细绳加捻而成，应防止其退捻而影响正常的拉断力值；

d）检验所用的设备是适合的拉力机；

e）拉伸的最大速度限制在 250 mm/min 以内；

f）拉伸的程度是直至拉断；

g）数据获取方式是直接读数。

【标准条款】

> **4.4.2 门的疲劳性能**
>
> 按 5.4.2 试验后，门应无严重变形且不影响正常使用。

> **5.4.2 疲劳性能**
>
> 在距离门扇自由端外边缘 $55_{-5}^{\ 0}$ mm 处的中心线上施加 700 N±10 N 重力，将门在没有撑挡的状态下，通过测试机构将门扇平开至 90°±5°位置，门扇在 50 mm±5 mm 处停止，试验频率 4 次/min～5 次/min。反复启闭 1 万次，试验后目测。

【应用要点】

1. 4.4.2 条款规定了门的疲劳性能。
2. 门和门框连接一般采用合页、转轴等结构，门不断反复开闭需要长时期的频繁使用或非正常使用，存在着可能导致磨损失效、疲劳断裂等风险，故要求经过科学的疲劳性能试验。
3. 出入门的门扇在自由端外边缘 50 mm～55 mm 处的中心线上施加 700 N±10 N 重力被加载后需要达到正常开关次数 10 000 次的要求。经试验后，可以允许门扇有不影响正常使用的轻微变形。在试验过程中或试验后，门扇的变形程度影响到了其正常的使用即视为严重变形，即做不合格判定。
4. 5.4.2 规定了对门扇疲劳性能检验的施力位置、施力值、门的状态、门的启闭角度、停止距离、试验频率、启闭次数及结果检验方式等事项。

   检验程序如下：

   a）施力的位置为门扇上面距自由端 50 mm～55 mm 范围内；

   b）施力值为 700 N±10 N；

   c）门的状态是没有撑挡；

   d）门的启闭角度是 90°±5°；

   e）门扇的停止位置是门扇自由端距离门框 50 mm±5 mm；

   f）试验频率是 4 次/min～5 次/min，启闭一个循环为 1 次；

   g）启闭次数是 1 万次；

   f）结果检验方式使目测。

【标准条款】

> **4.4.3 围网和顶梁（跨梁）稳定性**
>
> **4.4.3.1 围网框架**
>
> 按 5.4.3.1 检验，围网框架不应有任何方向的倾斜或明显永久性变形现象。

> **5.4.3 稳定性检测**
>
> **5.4.3.1 围网框架**
>
> 在 2 000 mm 的高度上对立柱施以 1 500 N 的水平侧向集中静负荷力，保持 1 min，卸载后目测。

【应用要点】

1. 4.4.3.1 条款规定了围网框架稳定性的要求。

2. 考虑笼式足球围网设施安装后其结构所承受的自重、风载荷对其稳定性能的影响，保证设施稳固性能，避免围网设施受到外力作用导致倾斜、翻倒产生安全隐患，对设施安装后进行稳定性试验，稳定性受力计算分析过程见研究报告 A。
3. 4.4.3.1 条款规定了设施安装后围网框架的稳定性试验方法，检验用拉力及负荷的一般允差为±10N。

   检验程序如下：

   a）施力的位置是在框架立柱 2 000 mm 的高度上；

   b）施力值为 1 500 N±10 N；

   c）施力的方向为水平；

   d）受力状态是集中而非均布；

   e）力的持续时间是 1 min；

   f）结果检验方式是卸载后目测。

【标准条款】

> **4.4.3.2　顶梁（跨梁）**
>
> 若设施有顶梁结构，按 5.4.3.2 检验，顶梁应无损坏。

> **5.4.3.2　顶梁（跨梁）**
>
> 若设置顶梁，在顶梁的中点，向下施加 1 500 N 的力，保持 1 min，卸载后目测。

【应用要点】

1. 4.4.3.2 条款规定了顶梁（跨梁）的稳定性要求。
2. 可拆卸（移动）式笼式足球场围网设施便于场地的灵活转移使用，其安装方式不破坏地面，围网框架组装后直接放置在地面上有顶（跨）梁稳固支撑的结构，考虑顶（跨）梁是稳固支撑作用的桁架结构，可能受到积雪载荷，设施产生坍塌，导致意外伤害，要求设施安装后对带有顶梁（跨梁）结构的中心位置施加载荷试验。
3. 顶梁（跨梁）稳定性的指标是根据哈尔滨市 10 年一遇的平均雪压值和目前常用最大跨度规格计算雪压平均静载荷，按类推法，增加 1.5 倍安全系数进行确定。对于有顶梁的围网，为防止遭受冻雪雪压的影响而导致顶梁的损坏，计算分析过程见研究报告 B。
4. 4.4.3.2 条款是对设施的刚性顶梁的要求，用柔性绳索代替刚性顶梁的，不予以考虑。
5. 5.4.3.2 条规定了设施安装后顶梁（跨梁）的稳定性试验方法。对围网框架稳定性检验的施力位置、施力值和方向、受力状态、施力持续时间及结果检验方式等，施力的误差范围为±1%。

   检验程序如下：

   a）施力的位置是在顶梁跨度的中间；

   b）施力值为 1 500 N±10 N；

   c）施力的方向垂直向下；

   d）受力状态是集中而非均布；

   e）力的持续时间是 1 min；

   f）结果检验方式是卸载后目测。

【标准条款】

4.4.4 抗冲击性能

4.4.4.1 抗球冲击

按5.4.4.1的要求进行试验时，在围网最大框架单元的宽度和高度范围内，框架永久性变形与短边比应不大于1.5%，围网永久变形与短边比应不大于5%，围网及连接件不应断丝、脱落和破损。

4.4.4.2 抗使用者冲击

按5.4.4.2的要求进行试验时，在围网最大框架单元的宽度和高度范围内不应破损。

5.4.4 设施抗冲击性能

5.4.4.1 抗球冲击

将设施最大围网框架结构四角水平固定在刚性支撑上，在围网框架位于围网底部2 000 mm范围内选择最薄弱的冲击点，将50 kg±0.5 kg的试验重锤(见图6)悬挂其冲击点上方350 mm处(见图7)，反复自由落体冲击1 000次，冲击频率2次/min，试验过程中围网不应触及地面。

单位为毫米

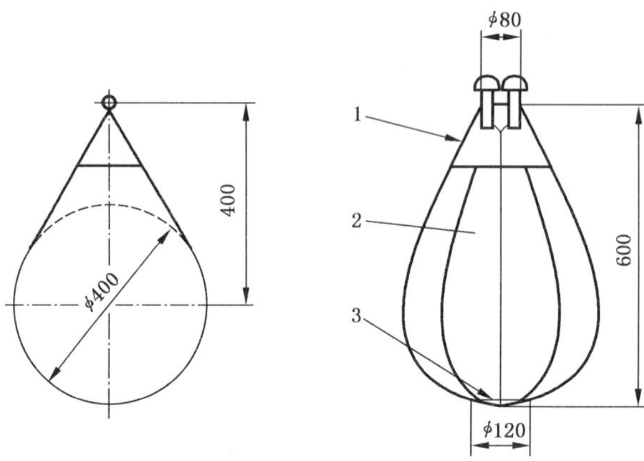

说明：

1——皮革边缘；2——8个纺锤形的帆布片；3——皮革底部。

图6 重锤

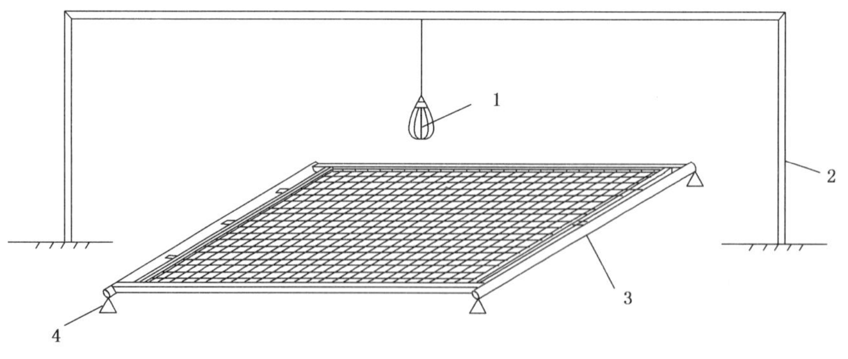

说明：

1——重锤；2——试验架；3——围网框架；4——支撑点。

图7 抗球冲击和抗使用者冲击示意图

5.4.4.2 抗使用者冲击

将设施最大围网框架结构四角水平固定在刚性支撑上，在围网框架位于围网底部1 000 mm范围内选择最薄弱的冲击点，将50 kg±0.5 kg的试验重锤(见图6)悬挂其冲击点上方500 mm处(见图7)，试验重锤下落一次，试验过程中围网不应触及地面。

【应用要点】

1. 4.4.4 条款规定了设施的抗冲击性能。
2. 4.4.4.1 规定了围网抗球冲击破坏能力要求，围网底部 2 m 范围内（本要求适用于围网的整个宽度和高度在 2 m 之内的整个高度）频繁受到足球运动惯性冲击，围网发生伸张收缩，可能出现严重变形、破损的风险，故要求底部 2 m 范围内围网满足抗球冲击。围网的组成单元相当于足球冲击至 1000 次后的抵抗变形及破坏的能力。具体要求如下：
   a）框架的永久变形比率：是指框架的立柱或横梁两者之一中最大永久变形的变形量与框架最短边的比率应不大于 1.5%；
   b）围网的永久变形比率：是指围网网片最大永久变形量与框架最短边的比率应不大于 5% ；
   c）单元构件的抗破坏性：是指框架单元的任何构件都不应当出现断裂、脱落或破损。
3. 4.4.4.2 规定了围网抗人体冲击破坏的能力要求。围网底部 2 m 范围内频繁受到使用者的运动惯性冲击，围网发生伸张收缩，可能出现严重变形突出、破损的风险，故要求底部 1 m 范围内（本要求适用于围网的整个宽度和高度在 1 m 之内的整个高度）围网满足抗使用者的冲击，要求试验后不应破损。
4. 5.4.4.1 条款和 5.4.4.2 条款规定了围网抗冲击试验方法，冲击试验时先做抗球冲击试验计算出变形量，如变形量符合标准要求，再继续根据抗使用者冲击的方法对围网进行冲击，观察试验结果。
5. 5.4.4.1 条款规定了对围网抵抗相当于足球冲击性能的样品选取、样品固定方式、冲击位置选择、冲击重锤的质量、重锤悬挂高度和下落方式、冲击次数和频率、冲击时的注意事项。围网抗球冲击性检验程序如下：
   a）选取最大的围网结构单元作为样品；
   b）将样品四角水平刚性支撑固定；
   c）冲击位置为围网底部 2 m 范围内的最薄弱处，一般即为 2 m 范围内的中心点；
   d）冲击重锤的质量为 50 kg±0.5 kg；
   e）重锤悬挂高度：冲击点距重锤最低点 350 mm，重锤自由下落冲击；
   f）冲击频率为 2 次/min；
   j）冲击次数为 1 000 次；
   h）注意事项为冲击过程中围网不应触及地面，否则会影响冲击效果的真实性；
   i）框架永久变形按图 5-4-15 进行冲击变形试验；

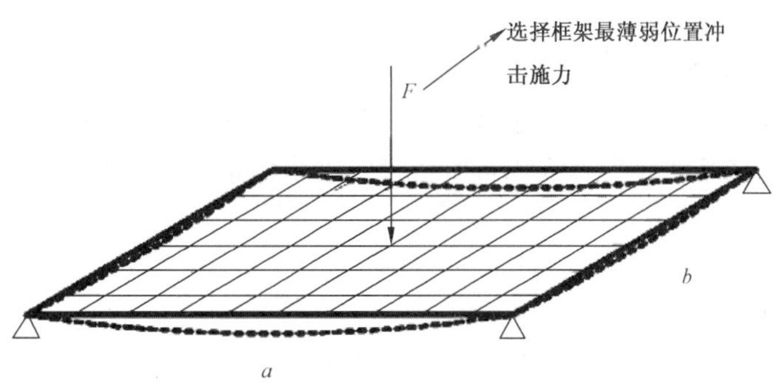

图 5-4-15 框架永久变形的示例

其框架永久变形计算公式为：

1) $$N=\frac{\Delta L_a}{b}\times 100\% \quad \cdots\cdots (1)$$

式中：N——a 边的变形率；

ΔL_a——a 边最大的变化量；

b——b 边（短边）的长度尺寸。

$$\Delta L_a=\sqrt{\Delta x_a^2+\Delta y_a^2} \quad \cdots\cdots (2)$$

式中：Δx_a——a 边水平方向变形量；

Δy_a——a 边垂直方向变形量。

见图 5-4-16 的 a 边变形量示意图。

2)

$$W=\frac{\Delta L_b}{b}\times 100\% \quad (3)$$

式中：W——b 边的变形率；

ΔL_b——b 边最大变化量；

b——b 边(短边)的长度尺寸。

$$\Delta L_b=\sqrt{\Delta x_b^2+\Delta y_b^2} \quad (4)$$

式中：Δx_b——b 边水平方向变形量；

Δy_b——b 边垂直方向变形量。

见图 5-4-17 的 b 边变形量示意图。

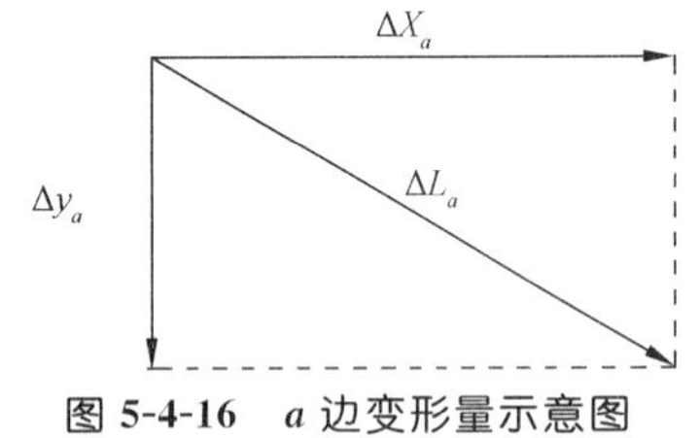

图 5-4-16 *a* 边变形量示意图

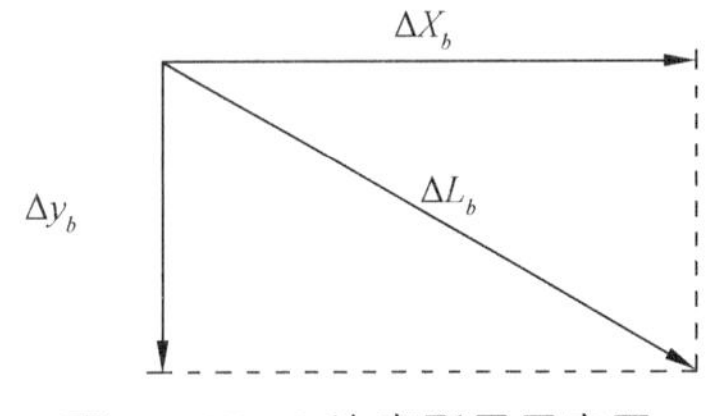

图 5-4-17 b 边变形量示意图

3) 框架永久变形取值：取 a 边、b 边变形率最大值为框架冲击后永久变形率。围网永久变形示意图见图 5-4-18。

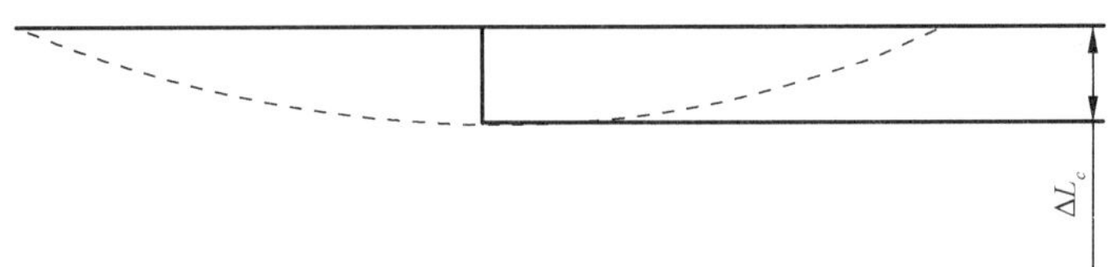

图 5-4-18 围网永久变形示意图

其永久变形计算公式为：

$$K=\frac{\Delta L_c}{b}\times 100\% \quad (5)$$

式中：K——围网的变形率；

ΔL_c——垂直方向的变形量；

b——b 边(短边)的长度尺寸。

6. 5.4.4.2 条款规定了对围网抵抗相当于使用者冲击性能的样品选取、样品固定方式、冲击位置选择、冲击重锤的质量、重锤悬挂高度和下落方式、冲击次数、冲击时的注意事项。围网抗使用者冲击性检验程序如下：

a) 选取最大的围网结构单元作为样品；

b) 将样品四角水平刚性支撑固定；

c) 冲击位置为围网底部 1 m 范围内的最薄弱处，一般即为 2 m 范围内的中心点；

d) 冲击重锤的质量为将 50 kg±0.5 kg；

e) 重锤悬挂高度：冲击点距重锤最低点 500 mm，重锤自由下落冲击；

f) 冲击次数为 1 次；

g) 冲击位置为围网底部 2 m 范围内的最薄弱处，一般即为 1 m 范围内的较高点；

h) 冲击重锤的质量为 50 mm±0.5 mm；

i) 注意事项为冲击过程中围网不应触及地面，否则会影响冲击效果的真实性。

7. 围网抗使用者冲击与抗球冲击检验所使用的冲击方法原理相同，两者的不同点在于：

a) 冲击位置的不同：抗球冲击点是围网底部 2 m 范围内，抗人体冲击是围网底部 1 m 范围内；

b) 重锤下落高度的不同：抗球冲击的下落高度是 350 mm，抗人体冲击下落高度是 500 mm；

c) 冲击次数的不同：抗球冲击的冲击次数是 1 000 次，抗人体冲击次数仅为 1 次；

d) 要求结果的不同：抗球冲击有变形比率，抗人体冲击仅要求不断裂、脱落或破损。

【标准条款】

4.4.5 表面涂层和纺织材料的防腐和老化性能

4.4.5.1 表面涂层耐盐雾腐蚀

按 5.4.5.1 检验后，不应出现腐蚀现象。

4.4.5.2 表面涂层耐老化性能

按 5.4.5.2 试验后，涂塑层不应产生裂纹、破损等损坏现象。

4.4.5.3 纺织材料

纺织材料耐老化性能按 5.4.5.3 的要求进行试验后，拉断力应符合 4.4.1 的要求。

5.4.5 表面涂层和纺织材料性能

5.4.5.1 表面涂层耐盐雾按 GB/T 26941.1—2011 中的 5.4.2.9 的规定进行试验。

5.4.5.2 表面涂层耐老化性能按 GB/T 22040—2008 中 6.9 的规定进行人工加速老化试验。

5.4.5.3 纺织材料耐老化性能按 GB/T 5725—2009 中 6.2.13 的规定进行试验。

【应用要点】

1. 4.4.5 条款规定了设施表面涂层和纺织材料的防腐和老化性能要求。

2. 4.4.5.1 条款规定了金属部件的表面防锈要求。设施金属部件的防腐处理形式不同，不同的防腐处理形式与空气中自然氧化速度和设施使用频率有密切的关系，一般分为如下几类：

——涂塑层(热塑性)；

——热固性粉末涂层；

——热浸镀锌层。

3. 不同的防腐处理形式应达到有效的防腐性能：

a) 涂塑层(浸塑)的耐盐雾性根据 GB/T 26941.1—2011《隔离栅　第 1 部分：通则》中 5.4.2.9 的规定取样经 8 h 试验后不应出现腐蚀现象；

b) 热固性粉末涂层防腐蚀要求应满足 HG/T 2006—2006《热固性粉末涂料》的要求，室外用耐盐雾性经 500 h 试验后划线处单向锈蚀不大于 2.0 mm，未划线区无异常；

c) 热浸镀锌层耐盐雾性按 GB/T 10125—2012《人造气氛腐蚀试验　盐雾试验》要求的经 200 h 试验后不应出现腐蚀现象。

4. 4.4.5.2 条款规定了涂塑层的耐老化要求，一般情况下，产品的表面涂层质量应属于非安全性质的要求，但是，对于笼式足球场围网设施来说，一般安装在室外环境中，由于表面涂层质量的低劣、表面腐蚀、老化龟裂，特别是围网框架、侧网、顶网等部件锈蚀、老化，会导致其性能质量下降。所以需要将表面涂层质量要求列入安全要求的范围内。涂塑层的部件易出现龟裂老化，耐老化要求经过人工加速老化试验累积能量达到 3.5×10^{3} kJ/m^{2} 后，按 GB/T 22040—2008《公路沿线设施塑料制品耐候性要求及测试方法》中 6.9 的规定进行试验后，涂塑层不应产生裂纹、破损等损坏现象。

5. 4.4.5.3 条款规定了纤维、尼龙等纺织材料的耐老化要求。采用纤维、尼龙等材料编制的网片作为设施中重要的组成部分，其耐老化性能等同重要。

6. 5.4.5 条款规定了表面涂层和纺织材料性能试验方法。

7. 5.4.5.1 条款规定了对金属表面涂层的检验方法是 GB/T 26941.1—2011《隔离栅　第 1 部分：通则》中的 5.4.2.9，检验程序如下：

a) 涂塑层(热塑性)：

——丝状试样，取 300 mm 的钢丝试样 3 节，用锋利刀片刮掉钢丝一侧的涂层，划痕深至钢丝基体。划痕面朝上，置于盐雾试验箱中，按 GB/T 1771—2007《色漆和清漆　耐中性盐雾性能的测定》规定的条件进行试验 8 h。检查时用自来水冲洗试验表面沉积盐分，冷却风干后，目测检验试片表面。

——板状试样，取 300 mm 的立柱试样 3 节，用 18 号缝纫机针，将涂层划成长 120 mm 的交叉对角线，划痕深至钢铁基体，对角线不贯穿对角，对角线端点与对角成等距离，划痕面朝上，置于盐雾试验箱中，按 GB/T 1771—2007《色漆和清漆 耐中性盐雾性能的测定》规定的条件进行试验8 h。

——试验后，检查时用自来水冲洗试验表面沉积盐分，冷却风干后，目测试样表面不应有腐蚀现象。

b）热固性粉末涂层：

——取尺寸约为 150 mm×100 mm 的试样于盐雾试验箱中，试验溶液是化学纯氯化钠溶解于蒸馏水中，浓度为(50±5)g/L，采用连续喷雾的方式 500 h；

——试验后，检查时用自来水冲洗试验表面沉积盐分，冷却风干后，目测试样表面不应有腐蚀现象。

c）热侵锌：

——取尺寸约为 150 mm×100 mm 的试样置于盐雾试验箱中，试验溶液是化学纯氯化钠溶解于蒸馏水中，浓度为(50±5)g/L，采用连续喷雾的方式 200 h；

——试验后，检查时用自来水冲洗试验表面沉积盐分，冷却风干后，目测试样表面不应有腐蚀现象。

8. 5.4.5.2 金属的耐老化性能的检验方法是按 GB/T 22040—2008《公路沿线设施塑料制品耐候性要求及测试方法》中 6.9 的规定进行试验，试验方法中对试样的数量、试验设备、试验条件、累积辐射能量等进行规定。

9. 5.4.3.3 纺织材料的检验方法是按 GB/T 5725—2009《安全网》中 6.2.13 的规定进行试验，试验方法中对试样的裁取、处理方法、测试结果等进行规定。

【标准条款】

> **4.5　电气安全要求**
>
> 应符合 GB 31187 的要求

> **5.5　电气安全检验**
>
> 按照 GB 31187 的规定进行检验。

【应用要点】

1. 4.5 条款规定了设施的电气安全要求。

2. 设施所含电器设备应保证其在规定的使用环境和使用期限内，正常使用时应安全工作。即使在正常使用中出现可能的疏忽时，也不应造成对人员和周围环境的危害。

3. 设施的电气部分应符合 GB/T 31187《体育用品 电气部分的通用要求》的规定。目前电气系统一般是指照明用电。

4. 5.5 条款规定了设施所用电气系统检验要求。

【标准条款】

> **4.6　照明要求**
>
> 设置照明设施时，应符合 TY/T 1002.1—2005 中 5.1 等级Ⅰ的要求。

> **5.6　照明检验**
>
> 按照 TY/T 1002.1—2005 中第 8 章的规定进行检验。

【应用要点】

1. 4.6 条款规定了设施的照明要求。

2. 照明要求符合 TY/T 1002.1—2005《体育照明使用要求及检验方法　第 1 部分：室外足球场和综合体育场》中 5.1 等级 Ⅰ 的业余训练和娱乐的参数要求，参数要求应符合表 5-4-2 中要求；

表 5-4-2　室外足球场和综合体育场的照明标准值

等级	运动分级	摄像类型	照度/lx		照度均匀度				光源		炫光指数 GR
			水平 E_h	垂直 E_v	水平		垂直		色温/K	显色指数 Ra	
					U_1	U_2	U_1	U_2			
Ⅰ	业余训练和娱乐	—	150	—	0.3	0.5	—	—	＞4 000	≥65	＜55
Ⅱ	业余俱乐部比赛	—	300	—	0.4	0.6	—	—	＞4 000	≥65	＜50
Ⅲ	专业训练	—	500	—	0.5	0.7	—	—	＞4 000	≥80	＜50
	国内比赛		750								
Ⅳ	有电视转播的国内、国际比赛	固定摄像机	1 000～2 000	1 000	0.6	0.8	0.4	0.6	＞4 000	≥80	＜50
Ⅴ	有高清晰度电视转播的比赛	慢动作	1 500～3 000	1 800	0.6	0.8	0.5	0.7	＞5 500	≥90	＜50
		固定摄像机		1 400			0.5	0.7			
		移动摄像机		1 000			0.3	0.5			
…	应急电视转播	固定摄像机	1 000	700	0.5	0.7	0.3	0.5	＞4 000	≥80	＜50

注 1：表中对垂直照度及其均匀度的规定是指主摄像机方向，辅摄像机方向可降低一级采用。

注 2：水平照度指地面上的维持平均照度。垂直照度指离地 1.5 m 高垂直面或主摄像机方向的维持平均照度。

注 3：水平照度可为垂直照度的 0.5 倍～2.0 倍(推荐采用 0.75 倍～1.5 倍)。

注 4：表中所列照度值为维持平均照度，维护系数取 0.80。对于多雾和污染严重地区此值可降低到 0.70。

a) 水平照度是指被照水平面上光的强弱，以被照水平面光通量的面密度来表示，要求水平照度为 150 lx；

b) 照度均匀度水平：

——表面上的最小照度(E_{min})与最大照度(E_{max})之比 U_1 为 0.3；

——表面上的最小照度(E_{min})与平均照度(E_{ave})之比 U_2 为 0.5。

c) 光源：

——色温是指当某一光源的色品与某一温度下的完全辐射体(黑体)的色品最接近时完全辐射体(黑体)的温度，要求色温大于 4 000 K；

——显色指数是指在被测光源和标准光源照射下，在适当考虑色适应状态下，物体的心理物理色符合程度的度量，要求显色指数大于或等于 62；

d) 炫光指数是指由于视野中的亮度或亮度范围的不适应，或存在的极端对比，以致引起不舒适感觉或降低观察细部或目标的能力的视觉现象，要求炫光指数小于 55。

3. 5.6 条款规定了照明检验方法，试验方法中对测量的目的、设备、准备、参数等进行了规定。

【标准条款】

> 4.7 防雷要求
> 应符合 GB 50057 和 GB 50343 的要求

> 5.7 防雷检验
> 按照 GB 50057 和 GB 50343 的规定进行检验

【应用要点】

1. 4.7 条款规定了防雷的要求,应符合 GB 50057《建筑物防雷设计规范》和 GB 50343《建筑物电子信息系统防雷技术规范》的要求。
2. 笼式足球场围网设施的防雷设计应因地制宜采取防雷措施,防止或减少雷电造成的危害,保护人们的生命和财产安全,防雷应坚持预防为主、安全第一的原则。
3. 本要求适用于新建、扩建、改建设施及其电气系统、电子信息系统的防雷要求。
4. 笼式足球场围网设施的防雷设计应根据环境因素、雷电活动规律等采取相应的防范措施。
5. 笼式足球场围网设施重点就是直击雷和电源系统、电子信息系统的感应雷防护。
6. 当笼式足球场围网设施设于较高的楼宇之间的地面时,笼式足球场与周边高楼等建筑相比已没有雷击的危害时,可以不做防直击雷保护。
7. 当笼式足球场围网设施地势空旷,或周边没有较高的建筑物及其他设施时,应按照 GB 50057《建筑物防雷设计规范》中的滚球法,按规定架设避雷针等设施,使足球场地处于保护范围之内。
8. 笼式足球场围网设施如建在屋面上,其雷害的危险性就大大提高了:第一,高度的增加提高了雷电击中的概率;第二,建筑物本身防雷设施的质量,影响到建筑物内和外人员设备的安全。所以,从保障人员安全、设备安全的角度出发,笼式足球场建在建筑物屋面时,必须认真考虑防雷的安全问题并采取有效防雷措施。
9. 依据 GB 50057《建筑物防雷设计规范》的规定,有可能安装笼式足球场围网设施建筑物楼顶的其防雷类别一般为二类或三类,二类居多。
10. 如建筑物本身没有防雷措施,则不应把笼足场围网设施建在屋顶上。对配电系统应做好防电涌保护,在每一个灯杆的配电箱内加装电涌保护器。具体情况应根据实际情况确定。
11. 5.7 条款规定了防雷的检验应符合 GB 50057《建筑物防雷设计规范》和 GB 50343《建筑物电子信息系统防雷技术规范》的验收方法。应由气象部门进行检验验收。

第五节 试验方法

【标准条款】

> 5 试验方法
> 5.1 试验条件
> 5.1.1 设施的稳定性能、疲劳性能和抗冲击性能试验应在设施正常使用状态或模拟使用状态下进行。
> 5.1.2 试验载荷的允许误差为±5%。
> 5.1.3 试棒使用时应垂直于开口平面并施以一个 222 N±5 N 的力检测。
> 5.1.4 A 型试棒 *Ra* 不大于 1.60 μm,表面硬度大于或等于 HRC40。

【应用要点】

1. 5.1 条款给出了通用的试验条件。
2. “正常使用状态或模拟使用状态”是指器材在安装完毕或模拟安装后,模拟人体正常使用下的状态。
3. 5.1.3 条款规定了检验时,施力的大小为 222 N±5 N。

4. 5.1.4 条款规定了 A 型试棒 *Ra* 不大于 1.60 μm，表面硬度大于或等于 HRC 40。

注：本章中 5.2、5.3、5.4、5.5、5.6 和 5.7 条款已结合第 4 章相应条款的内容要求，一并予以应用要点说明。

第六节　安全警示

【标准条款】

> 6　安全警示
>
> 设施的安全警示应包括如下内容：
>
> ——应有禁止攀爬的警示。
>
> ——安全出入口的标示。
>
> ——学龄前儿童应有成年人陪护。
>
> ——其他必要的警示标志。

【应用要点】

1. 第 6 章规定了设施安全警示的要求。
2. 安全警示要求起提醒警告作用，充分考虑使用者安全的原则制定的。笼式足球场围网设施安装与公共场所、社区、学校等户外环境下，供大众运动，具有社会公益性消费品的特性。安全警示要求是在最大程度上明确各安全使用要求，特别关于学龄前儿童的要求。
3. 安全警示可以采用图示方式提示使用者。
4. 要求中明确了必须具备的安全警示基本内容，用于提示使用者合理使用。

第七节　安装要求

【标准条款】

> 7　安装要求
>
> 7.1　设施安装应确保稳固、可靠，不应有基础部件和支撑部件的松动现象。
>
> 7.2　设施安装后，框架外围整体直线度公差应不大于 50 mm，垂直度公差应不大于 1/100。
>
> 7.3　设施 2 000 mm 以上的部位不应悬挂、安装广告牌和条幅等产生风压的部件。

【应用要点】

1. 第 7 章规定了设施安装的稳定性、直线度、垂直度和 2 000 mm 以上部位的要求。
2. 7.1 条款规定了设施安装应确保稳固、可靠，应达到标准中 5.4.3 条款规定的稳定性要求，且基础部件和支撑部件松动现象不允许出现。
3. 7.2 条款规定了设施在安装完成后，框架外围整体直线度和垂直度公差，以防止框架外围凹凸不平，影响产品外观并对结构部件形成应力集中，使设施使用寿命变短或造成其他后果。
4. 7.3 条款规定了设施 2 000 mm 以上的部位不应悬挂、安装广告牌和条幅等部件，以防止因大风对围网产生过高的风载荷导致损坏或倾覆。

第八节　标志和使用说明书

【标准条款】

> 8　标志和使用说明书
>
> 应符合 GB/T 5296.1 和 GB/T 5296.7 中的相关规定。

【应用要点】

1. 第 8 章规定了设施的标志和使用说明书的要求。
2. GB/T 5296.1《消费品使用说明　第 1 部分：总则》规定了消费品使用说明的编制原则及建议，GB/T 5296.7《消费品使用说明　第 7 部分：体育器材》规定了编制体育设施使用说明的基本原则、标注内容、安放位置及形式、字体、字号等，笼式足球场围网设施的标志及使用说明书的编制应遵循上述两标准的规定。
3. 必须在笼式足球场围网设施上配置产品标志，并随设施提供使用说明书，二者缺一不可。
4. 标志中的任何明示内容都不能用于弥补产品设计缺陷。

研究报告 A：笼式足球场围网设施稳定性受力分析

笼式足球围网设施安装后结构所承受的自重、风载荷对其的稳定性能产生影响，为保证设施稳固性能，避免使用者在运动时围网设施受到外力作用产生倾斜、翻倒的安全隐患，GB/T 34279—2017 条款 4.6.1要求“在 2 000 mm 的高度上对立柱施以 1 500 N 的水平侧向集中静负荷力，保持 1 min，卸载后目测围网设施有任何方向的倾斜或明显永久性变形现象。”其指标的确定主要是根据风载荷对于设施稳定性可能产生的影响，其计算方式如下：

取 12 级风风压的上限值 668.5 N/m^2（数据来自于 GB 50009—2012《建筑结构荷载规范》），根据常规产品立柱拟采用 Q235B 材质 ϕ76 钢管，高 4.0 m，围网框架拟采用 Q235B 材质 ϕ48 钢管，围网的孔格为方形，尺寸为 50 mm×50 mm，网丝直径为 4 mm。取一根立柱及其两侧各两个半片围网进行计算，风阻面积为立柱、网片，受风阻面积计算。风阻面积为立柱、网片、框架、网丝四者的净投影之和，故计算为：

$$S = S_1 + S_2 + S_3$$

$$= 4\ \text{m} \times 0.076\ \text{m} + (4\ \text{m} + 4\ \text{m} + 3\ \text{m} + 3\ \text{m} + 3\ \text{m}) \times 0.048\ \text{m} + 3\ \text{m} \times 4\ \text{m}/(0.05\ \text{m} \times 0.05\ \text{m}) \times 0.05\ \text{m} \times 0.004\ \text{m} \times 0.5\ \text{m} \times 4\ \text{m}$$

$$= 3.04\ \text{m}^2$$

围网受力计算：

M=12 级风压×S=668.5 N/m^2×3.04 m^2=2 035.2 N

按最不利情形即风载荷方向作用于围网考虑，围网为对称结构风载荷会在立柱的形心点形成集中载荷，2 035 N 的力为均布载荷作用在围网框架上，立柱相当于悬臂梁，根据力学原理均布载荷的弯矩公式：$M = qL^2/4$ 及集中载荷在中点的弯矩公式：$M = PL/2$ 可以看出，只有当集中载荷 $P = qL/2$ 时两者才相等，即集中载荷须为均布载荷的一半作用在横梁中点，其作用效果才与均布载荷相同，均布载荷其中集中载荷的值为：

$P = qL/2$=2 032 N/2=1 016 N

上述计算根据目前市面上常用结构尺寸进行计算得 1 016 N 的集中载荷力，因各厂家设计围网框架结构不同，考虑增加 1.5 倍的安全系数，同时经过多个厂家试验结果综合情况，最终确定标准条款中的参数要求。

研究报告 B：笼式足球场围网顶部雪压受力分析

B.1　初始条件设定

B.1.1　顶网的网格限定（按网绳中心算）：≥0.1 m×0.1 m

注：与标准草案规定一致。

B.1.2　网绳直径：d(m)

B.1.3　顶梁垂直投影宽度：d_1(m)

B.1.4　边梁垂直投影宽度：d_2(m)

B.1.5　顶梁承载长度：L_1(m)

B.1.6　边梁每孔中心距：L_2(m)

B.1.7　以黑龙江省为例，全省10年一遇的平均雪压：0.5 kN/m^2

注：1.7条款的数据来自于GB 50009—2012《建筑结构荷载规范》

B.2　顶网网绳在0.1 m×0.1 m面积内所占投影面积比率

B.2.1　网格面积：$0.1\times0.1=0.01(m^2)$

B.2.2　网绳投影面积：$(d/2)\times0.1\times4=0.2\ d(m^2)$

B.2.3　同理，网绳在0.1 m×0.1 m面积内所占投影比率：

$$0.2\ d/0.01=2\ 000\ d\% \qquad (1)$$

例如：若网绳直径 $d=2$ mm=0.002 m，代入式(1)得网绳面积比率为：4%

B.3　顶梁与边梁在顶梁每孔面积内所占投影面积比率

B.3.1　顶梁每孔面积：$L_1L_2(m^2)$

B.3.2　每孔内顶梁与边梁投影面积：$2\times(L_1d_1/2+L_2d_2)=L_1d_1+2L_2d_2(m^2)$ ……………………(2)

B.3.3　两梁所占投影面积比率见式(3)：

$$[(L_1d_1+2L_2d_2)/L_1L_2]\times100\% \qquad (3)$$

B.4　顶网与两梁在顶梁每孔所共占面积比率

顶网与两梁在顶梁每孔所共占面积比率见式(4)：

$$式(1)+式(3)=2\ 000\ d\%+[(L_1d_1+2L_2d_2)/L_1L_2]\times100\% \qquad (4)$$

B.5　在每孔顶梁面积内的全封闭雪压值

以黑龙江省为例，见式(5)：

黑龙江省平均雪压×顶梁每孔面积＝0.5 L_1L_2(kN) ……………………(5)

B.6　顶网与两梁在顶梁每孔所承受的雪压

顶网与两梁在顶梁每孔所承受的雪压见式(6)：

$$式(4)\times式(5)(kN) \qquad (6)$$

B.7　两梁每米长度所承受的雪压(均布载荷)

式(6)的雪压由两梁共同承担，每米承载：

$$式(6)/2(L_1+L_2)(kN/m) \qquad (7)$$

式中：$2(L_2+L)$为每孔两梁的总长。

B.8　两梁分别每根所承受的雪压

B.8.1　顶梁承受的雪压：$L_1\times$式(7)(kN)

这是顶梁一孔的承载，此外，其还要承受相邻孔的雪压，所以，其承受雪压应扩大1倍，见式(8)：

$$2\times L_1\times式(7)(kN) \qquad (8)$$

B.8.2　边梁承受的雪压见式(9)：

$$L_2\times式(7)(kN) \qquad (9)$$

B.9　集中载荷转换

因为不宜用均布载荷做试验，所以，其应转换为作用效果相同的集中载荷。根据均布载荷的弯矩公式：$M=qL^2/8$及集中载荷在中点的弯矩公式：$M=PL/4$可以看出，只有当集中载荷 $P=qL/2$ 时两者才相等，即集中载荷须为均布载荷的一半作用在横梁中点，其作用效果才与均布载荷相同。而边梁则不存在此问题。

B.10　两梁在中点试验力值的确定

通过以上分析可知，顶梁中点的试验力值应为：

式(8)×1/2＝$L_1\times$式(7)将式代号数值逐级代入，见式(10)：

$L_1\times$ 式(7)

$=L_1\times$式(6)$/2(L_1+L_2)$

$=L_1\times$式(4)×式(5)$/2(L_1+L_2)$

$=L_1\times\{2\ 000\ d\%+[(L_1d_1+2L_2d_2)/L_1L_2]$
$\times100\%\}\times0.5L_1L_2/2(L_1+L_2)$
$=0.25L_1\times\{2\ 000\ d\%+[(L_1d_1+2L_2d_2)/L_1L_2]$
$\times100\%\}\times L_1L_2/(L_1+L_2)(\mathrm{kN})$　　…(10)

例如：顶梁跨度 L_1 为 18 m，两相邻顶梁中心距 L_2 为 6 m，顶梁管径 d_1 为 0.032 m，边梁直径 d_2 为 0.048 m，顶网绳径 d 为 0.002 m，代入式(10)得：0.918 kN。

以上举例的围网跨度 18 m 已是比较大的，其他初始条件的设定也皆为标准规定值或常规，所以，为了应用方便，我们就以 0.918 kN取整为 1 000 N 为顶梁的静负荷检验额定数值。

顶网单孔示意图见图 B.1。

黑龙江省雪压统计表见表 B.1。

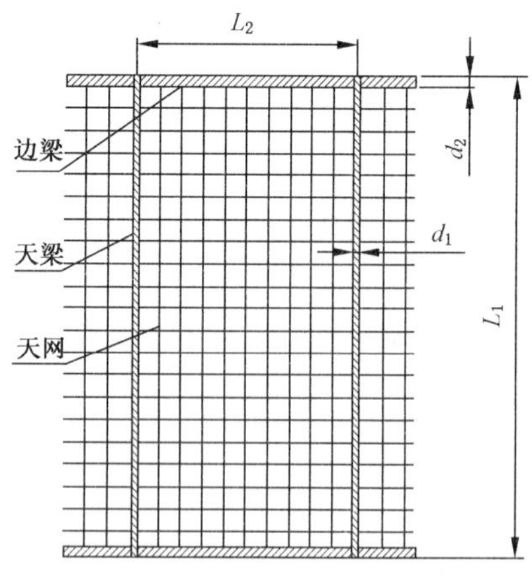

图 B.1　顶网单孔示意图

表 B.1　黑龙江省雪压统计表

省市名	城市名	海拔高度/m	风压/(kN/m²)			雪压/(kN/m²)			雪荷载准永久值系数分区
			$n=10$	$n=50$	$N=100$	$n=10$	$n=50$	$N=100$	
黑龙江	哈尔滨市	142.3	0.35	0.55	0.65	0.30	0.45	0.50	Ⅰ
	漠河	296.0	0.25	0.35	0.40	0.50	0.65	0.70	Ⅰ
	塔河	357.4	0.25	0.30	0.35	0.45	0.60	0.66	Ⅰ
	新林	494.6	0.25	0.35	0.40	0.40	0.5	0.55	Ⅰ
	呼玛	177.4	0.3	0.50	0.60	0.35	0.45	0.50	Ⅰ
	加格达奇	371.7	0.25	0.35	0.40	0.40	0.55	0.60	Ⅰ
	黑河市	166.4	0.35	0.50	0.55	0.45	0.60	0.65	Ⅰ
	嫩江	242.2	0.4	0.55	0.60	0.40	0.55	0.60	Ⅰ
	孙吴	234.5	0.4	0.60	0.70	0.40	0.55	0.60	Ⅰ
	北安市	269.7	0.3	0.50	0.60	0.40	0.55	0.60	Ⅰ
	克山	234.6	0.3	0.45	0.50	0.30	0.50	0.55	Ⅰ
	富裕	162.4	0.3	0.40	0.45	0.25	0.35	0.40	Ⅰ
	齐齐哈尔市	145.9	0.35	0.45	0.50	0.25	0.40	0.45	Ⅰ
	海伦	239.2	0.35	0.55	0.65	0.30	0.40	0.45	Ⅰ
	明水	249.2	0.35	0.45	0.50	0.25	0.40	0.45	Ⅰ
	伊春市	240.9	0.25	0.35	0.40	0.45	0.60	0.65	Ⅰ
	鹤岗市	227.9	0.30	0.40	0.45	0.45	0.65	0.70	Ⅰ
	富锦	64.2	0.30	0.45	0.30	0.35	0.45	0.50	Ⅰ
	泰来	149.5	0.30	0.45	0.50	0.20	0.30	0.35	Ⅰ
	绥化市	179.6	0.35	0.55	0.65	0.35	0.50	0.60	Ⅰ
	安达市	149.3	0.35	0.55	0.65	0.20	0.30	0.35	Ⅰ
	铁力	210.5	0.25	0.35	0.40	0.50	0.75	0.85	Ⅰ
	佳木斯市	81.2	0.40	0.65	0.75	0.45	0.65	0.70	Ⅰ
	依兰	100.1	0.45	0.65	0.75				
	宝清	83.0	0.30	0.40	0.45	0.35	0.50	0.55	Ⅰ
	通河	108.6	0.35	0.50	0.55	0.50	0.75	0.85	Ⅰ
	尚志	189.7	0.35	0.55	0.60	0.40	0.55	0.60	Ⅰ
	鸡西市	233.6	0.40	0.55	0.65	0.45	0.65	0.75	Ⅰ
	虎林	100.2	0.35	0.45	0.50	0.50	0.70	0.80	Ⅰ
	牡丹江市	241.4	0.35	0.50	0.55	0.40	0.60	0.65	Ⅰ
	绥芬河市	496.7	0.40	0.60	0.70	0.40	0.55	0.60	Ⅰ

附件 1

全民健身指南

（2017 年 8 月 10 日）

一、背　景

进入 21 世纪以来，随着我国经济社会的快速发展，人们的工作和生活方式发生改变，居民身体活动量明显减少，身体活动不足是导致人体死亡的第四独立因素。体育活动已经成为增强国民体质、提高健康水平最积极、最有效、最经济的生活方式。

我国政府高度重视体育活动在增强体质、提高健康水平中的重要作用。1995 年，国务院颁布实施《全民健身计划纲要》；2007 年，国务院下发《关于加强青少年体育增强青少年体质的意见》；2014 年，国务院下发《关于加快发展体育产业促进体育消费的若干意见》；2016 年，国务院印发《"健康中国 2030"规划纲要》，对发展群众体育活动、倡导全民健身新时尚、推进健康中国建设做出了明确部署。

自 1995 年实施全民健身计划以来，我国群众体育事业蓬勃发展，各级体育行政部门积极落实《全民健身计划纲要》，青少年体育工作不断推进，体育活动意识明显增强；全国人均体育场馆面积达 1.57 平方米，经常参加体育活动的人口比例为 33.9%；老年人体育活动形式丰富多彩，生活质量提高。第六次人口普查数据表明，全国人均预期寿命为 74.9 岁。体育活动成为强身健体重要手段的社会氛围已经形成。

然而，我们应当意识到，体育活动在增强国民体质、提高健康水平方面的作用尚未充分发挥，距离健康中国的要求还有较大差距。国家相关调查数据显示，虽然我国经常参加体育活动的人口比例逐年增加，但居民超重率和肥胖率也持续增加，青少年耐力、成年人肌肉力量与耐力、老年人肌肉力量等指标的变化并不乐观，心血管病、糖尿病等慢性非传染性疾病的发病率呈上升趋势，体育活动在促进健康领域的诸多研究成果尚未充分应用于实践，多数居民在参加体育活动时有很大的盲目性。体育健身活动在增强体质、防控疾病方面尚有很大提升空间。因此，亟待从国家层面发布权威性的体育健身活动指南，引导居民科学地从事体育健身活动。

《全民健身指南》针对中国居民参加体育健身活动状况实际，系统归纳、集成国家"十五""十一五""十二五"相关研究成果，基于中国居民运动健身的实测数据编制而成。主要包括体育健身活动效果、运动能力测试与评价、体育健身活动原则、体育健身活动指导方案等内容。

二、体育健身活动效果

我国古代就有通过导引术提高人体健康水平的文字记载。现代大量研究成果证实，经常参加体育健身活动可以有效地增强体质、防治疾病、提高学习和工作效率。

（一）增强体质，提高健康水平

体质是指在遗传性和获得性基础上表现出来的人体形态结构、生理功能和心理因素综合的、相对稳定的特征。体育健身活动可以提高人体的心肺功能、肌肉力量、柔韧、平衡和反应能力，改善身体成分，从而达到增强体质、提高健康水平的效果。

1. 提高心肺功能

心肺功能是影响体质与健康的核心要素之一。心肺功能低下可导致过早死亡风险增加。有规律的体育活动可以提高心脏收缩力量和肺活量，调节血压，改善血脂，对心肺功能产生良好影响，明显提高青少年、中年人、老年人的心肺功能和健康水平。

2. 改善身体成分

身体成分是指构成身体的各种物质及其比例，一般常用身体脂肪含量和肌肉重量及其比值表示。研究证实，过多的身体脂肪，尤其是腹部脂肪增多可诱发心血管疾病、代谢性疾病等。以有氧运动为主的体育活动可增加脂肪消耗，降低身体脂肪含量，增加肌肉重量，改善身体成分。

3. 增加肌肉力量

力量练习可以提高肌肉力量和肌肉抗疲劳能力，促进青少年成长发育，使体格更加强壮，预防因肌肉力量衰减出现的腰疼、肩颈痛等症状，提高身体平衡能力，防止老年人跌倒，维持骨骼健康，预防和延缓骨质疏松发生。

4. 提高柔韧性

柔韧性既是一种重要的运动技能，也是日常生活中重要的活动能力。有规律的牵拉练习可提高肌肉、韧带弹性，增加青少年身体活动范围，身体姿势优美，减少肌肉拉伤，预防和治疗中老年人关节性疾病。

5. 提高幸福指数

体育健身活动是心理干预的有效手段。体育健身活动可增加人体愉悦感，使人精神放松，缓解压力，形成良好心理状态，获得生理和心理满足感，使青少年充满朝气，中老年人充满活力，提高幸福指数。

（二）防治疾病，提高生活质量

体育活动可以提高人体各器官功能水平，增强机体免疫力，防治疾病，特别是对防治慢性非传染性疾病效果明显。慢性非传染性疾病包括心血管病、糖尿病、骨质疏松症等，是危害我国居民健康的重要疾病。有规律的体育活动可以有效地控制慢性非传染性疾病的诱发因素，预防慢性非传染性疾病的发生，同时也是治疗慢性非传染疾病的有效手段，提高生活质量，减少由于生活方式不当、身体活动不足导致的过早死亡。

1. 心血管病

我国居民心血管病患病率呈持续上升趋势，心血管病死亡列城乡居民总死亡原因的首位。有规律的体育活动可以通过提高心脏功能和血管弹性、降低血压、减少炎症因子、调节血脂等途径，降低心血管病危险因素，有效预防心血管病发生，促进心血管病患者康复。

2. 糖尿病

糖尿病是常见的慢性疾病之一，以Ⅱ型糖尿病最为常见。有规律的体育活动可以调节糖代谢，降低血糖，提高靶细胞对胰岛素的敏感性，有效地预防与治疗Ⅱ型糖尿病，延缓并发症的发生、发展。体育活动可以增强糖尿病患者体质，提高糖尿病患者生活质量。

3. 超重和肥胖

超重和肥胖以体重增加为特征，通常用身体质量指数（又称 BMI，下统称 BMI）表示。超重和肥胖与多种慢性疾病有关，包括高血压、冠心病、糖尿病、某些癌症和多种骨骼肌肉疾病。预防和降低身体肥胖最有效的手段是体育活动和膳食平衡。体育活动是防控肥胖最积极的方法，可以帮助肥胖者控制体重、改善生理功能，防止减重后体重反弹，减少与肥胖相关的慢性疾病发生。

4. 骨质疏松

骨质疏松是以骨密度降低、骨组织微细结构变化，并伴随骨折易感性增加为特征的骨组织疾病。体育活动有助于增加骨量，改善骨骼结构，减缓由于年龄增大引起的骨量丢失，通过增强肌肉力量和平衡能力，预防跌倒，减少骨质疏松性骨折的发生风险。

5. 癌症

癌症，也称恶性肿瘤，位列我国居民总死亡原因的第二位。体育活动可以降低乳腺癌、结肠癌、肺癌和前列腺癌等多种癌症的发病风险，减缓癌症患者术后的治疗疼痛，提高癌症患者的生存率和生活质量。

世界卫生组织估计，有超过30%的癌症可以通过体育活动干预达到预防效果。

6. 抑郁症

抑郁症，也称抑郁性障碍。近年来，我国抑郁症发病率呈上升趋势。体育健身活动可以改变大脑的化学成分，引起良好的情绪和状态反应，有效地预防抑郁症发生，并对轻度至中度抑郁症患者有积极的干预效果。

（三）提高学习和工作效率

体育健身活动可以提高人的认知能力，使人集中精力。有规律的体育健身活动可减少抑制性神经递质的释放，延缓中枢疲劳，对神经系统产生良好影响，有助于提高青少年学习效率和学习成绩，延长成年人有效工作时间，提高工作效率。

三、运动能力测试与评价

运动能力是指人体从事体育活动所具备的能力。本指南的运动能力测试与评价包括单项运动能力测试与评价、综合运动能力评价。人体在从事体育活动前，应对运动能力相关指标进行全面测试与评价，以便科学地制定个性化体育活动方案。在从事体育活动的不同阶段，应定期进行运动能力测试，以客观评价体育活动效果，确保体育活动安全有效。

（一）单项运动能力测试与评价

单项运动能力测试包括有氧运动能力、肌肉力量、柔韧、平衡和反应能力测试等。单项运动能力评价采用5分制，5分为优秀，4分为良好，3分为中等，2分为较差，1分为差。

1. 有氧运动能力

有氧运动能力是反映人体长时间进行有氧运动的能力，与心肺功能密切相关。有氧运动能力强，表明心肺功能好。良好的有氧运动能力是身体健康的重要标志，经常参加体育活动，可以保持并提高人体身体的有氧运动能力。

最大摄氧量是评价有氧运动能力的重要指标，最大摄氧量测试与评价方法见附件1。

2. 肌肉力量

肌肉力量是肌肉在紧张或收缩时所表现出来的克服或抵抗阻力的能力。肌肉力量测试指标包括握力、背力、俯卧撑、仰卧起坐、纵跳测试等。肌肉力量测试与评价方法见附件2至附件6。

3. 柔韧、平衡与反应能力

① 柔韧是指身体活动时各个关节的活动幅度以及跨过关节的韧带、肌腱、肌肉、皮肤等组织的弹性、伸展能力。良好的柔韧性可以增加运动幅度，减少运动损伤。柔韧能力测试与评价方法见附件7。

② 平衡指维持身体姿势的能力，或控制身体重心的能力。平衡能力是静态与动态活动的基础。良好的平衡能力可以有效地预防因跌倒引起的各种损伤。平衡能力测试与评价方法见附件8。

③ 反应能力主要是指人体中枢神经系统接受一定指令或刺激后，有意识的控制骨骼肌肉系统的快速运动能力，体现了神经与肌肉系统的协调性。反应能力测试与评价方法见附件9。

（二）综合运动能力评价

心肺功能是影响人体健康的最重要因素之一，有氧运动能力与心肺功能密切相关，因此，将有氧运动能力排在综合运动能力评价体系的首位，其权重为40%。

肥胖可诱发多种慢性疾病，成为公共健康的重要危险因素。BMI是反映身体肥胖程度的指标。鉴于BMI在体质与健康评价体系中的重要作用，且对运动能力有明显影响，因此，将BMI列入综合运动能力评价体系中，其权重为20%。

BMI计算公式为：体重（千克）除以身高（米）的平方[BMI＝体重（千克）/身高^2（米^2）]。中国人BMI的正常范围为大于18.5，小于24，BMI等于或大于24为超重，等于或大于28为肥胖。BMI测试与评价方法见附件10。

肌肉力量与运动能力、生活质量密切相关，其权重为20%。柔韧能力、平衡能力和反应能力的权重分别为10%、5%和5%。

根据不同单项运动能力指标在综合运动能力评价中的权重与系数，计算综合运动能力得分，计算方法为：

综合运动能力得分＝有氧运动能力得分×8＋肌肉力量得分×4＋BMI得分×4＋柔韧性得分×2＋平衡能力得分×1＋反应能力得分×1

综合运动能力评价采用4级评定：85分及以上为优秀、75分及以上为良好、60分及以上为合格、小于60分为较差。

四、体育健身活动原则

从事体育健身活动，必须遵循以下原则，养成良好的体育健身活动习惯。

（一）安全性原则

安全性原则是指在体育健身活动过程中，要确保体育活动者不出现或尽量避免发生运动伤害事故，是参加体育健身活动的首要原则。开始体育健身活动前，应进行身体检查，全面评价个人身体状况和运动能力，制定适合自己特点的体育健身活动方案。体育健身活动前要做好充分的准备活动，体育健身活动后要做好整理和放松活动。

（二）全面发展原则

全面发展原则是指在体育健身活动中，要使身体各部位都参与运动，使各器官系统的机能水平普遍得到提高，既要提高心肺功能和免疫能力，又要提高肌肉力量、柔韧等身体素质。因此，要选择全身主要肌群参与的体育健身活动项目，取得全面发展效果。

（三）循序渐进原则

循序渐进原则是指科学地、逐步地增加体育健身活动时间和运动强度。循序渐进原则强调要根据自己对体育健身活动的适应程度，逐渐增加运动负荷，使身体机能和运动能力不断提高，以取得最佳体育健身活动效果。

（四）个性化原则

个性化原则是指根据每个人的遗传特征、机能特点和运动习惯，制定个性化的运动健身方案。在制定运动健身方案时，要进行必要的医学检查和运动能力测试，以便了解每个人的具体情况，使运动健身方案更具个性特征。

五、体育健身活动方案要素

制定体育健身活动方案，主要考虑体育健身活动方式、体育健身活动强度和体育健身活动时间等三个基本要素。

（一）体育健身活动方式

体育运动方式是体育健身活动者采用的具体健身手段和健身方法。根据不同体育健身活动方式的运动特征，可以将体育健身活动项目归纳为有氧运动、力量练习、球类运动、中国传统运动方式、牵拉练习5大类。

1. 有氧运动

有氧运动是指人体在氧气供应充足条件下，全身主要肌肉群参与的节律性周期运动。有氧运动时，全身主要肌肉群参与工作，可以全面提高人体机能，是目前国内外最受欢迎的体育活动方式。有氧运动分为中等强度运动和大强度运动。中等运动强度主要包括健身走、慢跑(6～8千米/小时)、骑自行车(12～16千米/小时)、登山、爬楼梯、游泳等;大强度运动主要包括跑步(8千米/小时以上)、骑自行车(16千米/小时以上)等。中等强度的有氧运动节奏平稳,是中老年人最安全的体育活动方式。

人们在进行体育健身活动时,应将有氧运动作为基本的体育活动方式,以提高心肺功能、减轻体重、调节血压、改善血脂为主要目的的体育锻炼者,可首选有氧运动方式。

2. 力量练习

力量练习是指人体克服阻力,提高肌肉力量的运动方式。力量练习包括非器械力量练习和器械力量练习。非器械练习是指克服自身阻力的力量练习,包括俯卧撑、原地纵跳、仰卧起坐等;器械力量练习是指人体在各种力量练习器械上进行的力量练习。

力量练习可以提高肌肉力量、增加肌肉体积、发展肌肉耐力,促进骨骼发育和骨健康。青少年进行力量练习,可以明显改善自身体质,使身体更加强壮;成年以后,随着年龄的增长,力量练习应逐年增加;老年人进行力量练习,可以提高平衡能力,防止由于身体跌倒导致的各种意外伤害。

3. 球类运动

球类运动包括直接身体接触的球类运动和非直接身体接触的球类运动。前者包括篮球、足球、橄榄球、曲棍球、冰球等;后者包括排球、乒乓球、羽毛球、网球、门球、柔力球等。

球类运动的趣味性强,可通过比赛和对抗提高参与者的运动兴趣。球类运动都具有一定的专项技术要求,需要良好的身体素质作为基础。经常参加球类运动可以提高机体的心肺功能、肌肉力量和反应能力,调节心理状态,是青少年首选的体育活动项目。

4. 中国传统运动方式

中国传统运动方式包括武术、气功等。具体活动形式包括太极拳(剑)、木兰拳(剑)、武术套路、五禽戏、八段锦、易筋经、六字诀等。

中国传统运动健身方式动作平缓,柔中带刚,强调意念与身体活动相结合,具有独特的健身养生效果。可以提高人体的心肺功能、平衡能力,改善神经系统功能,调节心理状态,且安全性好。

以提高身体平衡能力、柔韧性、协调性和改善心肺功能、调节心理状态为主要健身目的人,特别是中老年人群,可以选择中国传统运动健身方式。

5. 牵拉练习

牵拉练习包括静力性牵拉练习和动力性牵拉练习。各种牵拉练习可以增加关节的活动幅度,提高运动技能,减少运动损伤。

静力性牵拉包括正压腿、侧压腿、压肩等;动力性牵拉包括正踢腿、侧踢腿、甩腰等。初参加体育健身活动的人,应以静力性牵拉练习为主,随着柔韧能力的提高,逐渐增加动力性牵拉练习内容。

不同体育活动方式的健身效果见表1。

表1 体育活动方式与健身效果

体育活动类别	体育活动方式	健身效果
有氧运动(中等强度)	健身走、慢跑(6～8千米/小时)、骑自行车(12～16千米/小时)、登山、爬楼梯、游泳等	改善心血管功能、提高呼吸功能、控制与降低体重、增强抗疾病能力、改善血脂、调节血压、改善糖代谢
有氧运动(大强度)	快跑(8千米/小时以上),骑自行车(16千米/小时以上)	提高心肌收缩力量和心脏功能,进一步改善免疫功能
球类运动	篮球、足球、橄榄球、曲棍球、冰球等 排球、乒乓球、羽毛球、网球、门球、柔力球等	提高心肺功能、提高肌肉力量、提高反应能力、调节心理状态
中国传统运动	太极拳(剑)、木兰拳(剑)、武术套路、五禽戏、八段锦、易筋经、六字诀等	提高心肺功能、增强免疫机能、提高呼吸功能、提高平衡能力、提高柔韧性、调节心理状态

续表1

体育活动类别	体育活动方式	健身效果
力量练习	非器械练习：俯卧撑、原地纵跳、仰卧起坐等 器械练习：各类综合力量练习器械、杠铃、哑铃等	增加肌肉体积、提高肌肉力量、提高平衡能力、保持骨健康、预防骨质疏松
牵拉练习	动力性牵拉：正踢腿、甩腰等 静力性牵拉：正压腿、压肩等	提高关节活动幅度和平衡能力，预防运动损伤

根据运动健身目的推荐体育活动方式：

——以增强体质，强壮身体为主要目的的体育锻炼者，选择自己喜欢的、可以长期坚持的体育健身活动方式，如有氧运动、球类运动和中国传统健身运动等。

——以提高心肺功能为主要目的的体育锻炼者，应选择有氧运动、球类运动等全身肌肉参与的体育健身活动。

——以减控体重为主要目的的体育锻炼者，应选择长时间的有氧运动。长时间、中等强度的体育健身活动可以增加体内脂肪消耗，减少脂肪含量。长时间快步走、慢跑、骑自行车等是减控体重的理想运动方式。

——以调节心理状态为主要目的的体育锻炼者，应选择各种娱乐性球类运动和太极拳、气功等中国传统运动方式，以缓解心理压力，改善睡眠。

——以增加肌肉力量为主要目的的体育活动者，可根据自身健身需求和健身条件，选择器械性力量练习和非器械性力量练习方式。力量练习的效果与力量负荷和重复次数有关，一般大负荷、少重复次数的力量练习主要发展肌肉力量，小负荷、多重复次数的力量练习主要发展肌肉耐力。

——以提高柔韧性为主要目的的体育锻炼者，可选择各种牵拉练习，特别是在准备活动和放松活动阶段进行牵拉练习，既可以节省体育锻炼时间，又可以取得较好健身效果。各种有氧健身操、健美操、太极拳、健身气功、瑜伽等运动可以提高柔韧性。

——以提高平衡能力为主要目的的体育锻炼者，可选择各种专门平衡训练方法，包括坐位平衡能力练习、站位平衡能力练习和运动平衡能力练习。太极拳(剑)、乒乓球、羽毛球、网球、柔力球等运动也可以提高人体的平衡能力。

——以提高反应能力为主要目的的体育锻炼者，可选择各种球类运动，乒乓球、羽毛球、篮球、足球、网球等均可提高人体反应能力。

根据运动健身目的推荐的体育活动方式见表2。

表2　根据健身目的推荐体育活动方式

健身目的	推荐体育活动方式
增强体质，强壮身体	有氧运动、球类运动和中国传统运动等
提高心肺功能	有氧运动、球类运动等
减控体重	长时间有氧运动
调节心理状态	球类运动、中国传统运动方式
增加肌肉力量	各种力量练习
提高柔韧性	各种牵拉练习
提高平衡能力	中国传统运动方式、球类运动、力量练习
提高反应能力	各种球类运动

（二）体育健身活动强度

体育健身活动强度是制定体育健身活动方案的重要内容。强度过小，没有明显的健身效果；强度过

大，不仅对健身无益，还可能造成运动伤害。

1. 体育健身活动强度划分

体育健身活动强度可划分为小强度、中等强度和大强度三个级别。

小强度运动对身体的刺激作用较小，运动过程中心率一般不超过100次/分，如散步等。

中等强度运动对身体的刺激强度适中，运动过程中心率一般在100～140次/分，如健步走、慢跑、骑自行车、太极拳、网球双打等。

大强度运动对身体的刺激强度较大，可进一步提高健身效果。运动中心率超过140次/分，如跑步、快速骑自行车、快节奏的健身操和快速爬山、登楼梯、网球单打等。

有良好运动习惯、体质好的人，可进行大强度、中等强度运动；具有一定运动习惯、体质较好的人，可采用中等强度运动；初期参加体育健身活动或体质较弱的人，可进行中等或小强度运动。体育锻炼者，在实施体育健身活动方案时，可根据自身情况，科学调整运动强度，以适应个体状况。

2. 体育健身活动强度监测

监测体育健身活动强度的指标有运动中心率、运动中呼吸变化和运动中自我感觉等。

(1) 用心率监测体育健身活动强度

体育健身活动强度越大，机体和心脏对运动刺激反应越明显，心率越快。一般常用最大心率百分数和运动中的实测心率监测体育运动强度。

最大心率是指人体运动过程中所能达到的最快心跳频率，用次/分表示。测定最大心率的方法有直接测定法和间接推测法。直接测定要在专门的测试机构采用递增负荷运动测试，需要专门的运动测试仪器和器材。

人体的最大心率与年龄有关，采用下列公式可以推算正常人群的最大心率：

最大心率(次/分)＝220－年龄(岁)

体育健身活动时，心率在85%或以上最大心率，相当于大强度运动；心率控制在60%～85%最大心率范围，相当于中等强度运动；心率控制在50%～60%最大心率范围，相当于小强度运动。

在体育健身活动过程中，当实测心率达到140次/分以上时，相当于大强度运动；心率在100～140次/分范围，相当于中等强度运动，心率低于100次/分，相当于小强度运动。

(2) 用呼吸监测体育健身活动强度

体育健身活动引起人体呼吸频率和呼吸深度变化，可以根据运动中的呼吸变化监测运动强度。

呼吸轻松：与安静状态相比，运动时呼吸频率和呼吸深度变化不人，呼吸平稳，可以唱歌。这种呼吸状态下的运动心率一般在100次/分以下，相当于小强度运动。

呼吸比较轻松：运动中呼吸深度和呼吸频率增加，可以正常语言交流。运动心率相当于100～120次/分，为中小强度运动。

呼吸比较急促：运动中只能讲短句子，不能完整表述长句子。运动心率相当于130～140次/分，为中等强度运动。

呼吸急促：运动中呼吸困难，运动中不能用语言交谈。运动心率一般超过140次/分，为大强度运动。

(3) 用主观体力感觉监测体育健身活动强度

人体运动过程中的主观体力感觉可分为6～20个等级(见附件11)，小强度运动的主观体力感觉为轻松(9～10级)，中等强度运动的主观体力感觉为为稍累(13～14级)，大强度运动的主观体力感觉为累(15～16级)。

主观体力感觉等级与心率密切相关，运动过程中的主观体力感觉等级数乘以10，即相当于运动中的心率(次/分)。如，运动中主观体力感觉等级数为12，即相当于运动中的心率为120次/分。

体育锻炼者可以通过主观体力感觉控制运动强度。一般来说，在进行中等强度有氧运动时，主观体力感觉为轻松或稍累。

体育健身活动强度划分与监测运动强度指标见表3。

表3 体育健身活动强度划分及其监测指标

运动强度	心率/(次/分)	呼吸	主观体力感觉/级
小强度	<100	平稳	轻松
中等强度	100～140	比较急促	稍累
大强度	>140	急促	累

3. 力量练习强度与健身效果

力量练习的负荷重量越大，表示运动强度越大。在进行力量练习时，常采用最大重复负荷(RM)表示负荷强度的大小。最大重复负荷是指在肌肉力量练习时，采用某种负荷时所能重复的最多力量练习次数。如一个人在做哑铃负重臂屈伸时，其最大负荷为20千克，且只能重复一次，那么，20千克就是他的负重臂屈伸的1次最大重复负荷(1 RM)。如果他能以15千克的负荷最多重复8次负重臂屈伸，那么，15千克就是他负重臂屈伸的8次最大重复负荷(8 RM)。在非器械力量练习时，一个人可以完成8次俯卧撑，相当于8 RM，以此类推。

力量练习负荷强度可划分为小强度、中等强度和大强度三个级别，力量练习强度与健身效果密切相关。

大强度力量练习，相当于1～10 RM，每种负荷重量的重复次数为1～10次，每个部位重复2～3组，组与组间歇时间为2～3分钟。大强度力量练习主要用于提高肌肉最大收缩力量。

中等强度力量练习，相当于11～20 RM，每种负荷重量的重复次数为10～20次，每个部位重复3组，组与组间歇时间1～2分钟。中等强度力量练习可以用于提高肌肉力量、增加肌肉体积。

小强度力量练习，相当于20 RM或以上，每种负荷重量重复20次以上，每个部位重复2组，组与组间歇时间1分钟。小强度力量练习主要用于发展肌肉耐力。

（三）体育健身活动时间

每次体育健身活动时间直接影响体育健身活动效果。运动时间过短，提高身体机能效果甚微；而运动时间过长，则容易造成疲劳累积，也不会进一步增加健身效果。对于经常参加体育锻炼的人，每天有效体育健身活动时间为30～90分钟。在参加体育健身活动的初期，运动时间可稍短；经过一段时间体育健身活动，身体对运动产生适应后，可以延长运动时间。每天体育健身活动可集中一次进行，也可分开多次进行，每次体育健身活动时间应持续10分钟以上。

有体育健身活动习惯的人每周应运动3～7天，每天应进行30～60分钟的中等强度运动，或20～25分钟的大强度运动。为了取得理想的体育健身活动效果，每周应进行150分钟以上的中等强度运动，或75分钟以上的大强度运动；如果有良好的运动习惯，且运动能力测试综合评价为良好以上的人，每周进行300分钟中等强度运动，或150分钟大强度运动，健身效果更佳。

六、一次体育健身活动的内容与安排

一次完整体育健身活动内容应包括准备活动、基本活动和放松活动三部分，见表4。

表4 一次体育健身活动的内容及安排

活动构成	主要活动内容	活动时间/min
准备活动	慢跑，牵拉练习	5～10
基本活动	有氧运动力量练习、球类活动、中国传统健身方式	30～60
放松活动	行走、牵拉练习	5～10

（一）准备活动

准备活动是指主要体育健身活动开始前的各种身体练习。准备活动的主要作用是预先动员心肺、肌肉等器官系统的机能潜力，以适应即将开始的各种健身活动，获得最佳运动健身效果，并有效地预防急性

和慢性运动伤害。

准备活动的时间一般为5～10分钟，主要包括两方面内容。一是进行适量的有氧运动，如快走、慢跑等，使身体各器官系统“预热”，提前进入工作状态；二是进行各种牵拉练习，增加关节活动度，提高肌肉、韧带等软组织弹性，预防肌肉损伤。

（二）基本活动

基本活动是体育锻炼的主要运动形式，包括有氧运动、力量练习、球类运动、中国传统运动健身方式等，持续时间一般为30～60分钟。在一次体育健身活动中，需要选择合适的运动方式、控制适宜的运动强度和运动时间。在一周的体育健身活动安排中，体育健身活动者可以根据自身情况不同的体育健身活动方式和运动强度。不同体育健身活动方式的运动强度、持续时间和运动频率安排见表5。

表5　不同体育健身活动方式的运动强度、持续时间和运动频率

运动项目	运动强度	运动时间/min	运动频率(天/周)
快走、慢跑、游泳、自行车、扭秧歌	中	30或以上	5～7
跑步、快节奏健美操	大	20或以上	2～3
太极拳、气功	中	30或以上	3～7
篮球、足球、网球、羽毛球、乒乓球	中、大	30或以上	3
力量练习	中	20或以上	2～3
牵拉练习	—	5～10	5～7

（三）放松活动

放松活动是指主要运动健身活动后进行的各种身体活动，主要包括行走（或慢跑）等小强度活动和各种牵拉练习。体育健身活动后，做一些适度放松活动，有助于消除疲劳，减轻或避免身体出现一些不舒服症状，使身体各器官系统机能，逐渐从运动状态恢复到安静状态。做一些牵拉性练习，有利于提高身体柔韧性。

七、不同阶段体育健身活动方案

（一）初期体育健身活动方案

刚参加体育健身活动的人，运动负荷要小，每次体育健身活动的持续时间相对较短，使身体逐渐适应运动负荷，运动能力逐步提高。刚开始体育健身活动计划时，应选择自己喜欢或与健身目的相符的体育健身活动方式。运动后要有舒适的疲劳感，疲劳感觉在运动后第二天基本消失。

体育健身活动初期，增加运动负荷的原则是先增加每天的运动时间，再增加每周运动的天数，最后增加运动强度。

初期体育健身活动的时间约为8周，具体方案为：

——运动方式：中等强度有氧运动、球类运动、中国传统运动方式、柔韧性练习。

——运动强度：55%最大心率，逐渐增加到60%。

——持续时间：每次运动10～20分钟，逐渐增加到30～40分钟。

——运动频度：3天/周，逐渐增加到5天/周。

初期体育健身活动方案举例见表6。

表6 初期体育健身活动方案举例

<table>
<tr><td>活动内容</td><td>星期一</td><td>星期二</td><td>星期三</td><td>星期四</td><td>星期五</td><td>星期六</td><td>星期日</td></tr>
<tr><td>有氧运动</td><td rowspan="3">休息</td><td>走步 1000 米，心率 100 次/分以下</td><td rowspan="3">休息</td><td>蹬车 3000 米，心率 100 次/分以下</td><td rowspan="3">休息</td><td>郊游或登山 30 分钟</td><td rowspan="3">休息</td></tr>
<tr><td>力量练习</td><td></td><td></td><td></td></tr>
<tr><td>基本描述</td><td>轻度牵拉</td><td>轻度牵拉</td><td>轻度牵拉</td></tr>
<tr><td>基本描述</td><td colspan="7">一般持续时间为 8 周，每周运动 3 天，每次 10～20 分钟有氧运动，3～5 分钟牵拉。每两周运动递增 3～5 分钟。第 8 周时，运动时间增加到 30～40 分钟</td></tr>
<tr><td>自我感受与评价</td><td colspan="7">运动后有舒适感，精神愉悦</td></tr>
</table>

（二）中期体育健身活动方案

从事 8 周体育健身活动后，人体基本适应运动初期的运动负荷，身体机能和运动能力有所提高，可进入中期体育健身活动阶段。在这一阶段，继续增加运动强度和运动时间，中等强度有氧运动时间逐渐增加到每周 150 分钟或以上，使机体能够适应中等强度有氧运动。中期体育健身活动的时间约为 8 周，具体方案为：

——运动方式：保持初期的体育健身活动方式；适当增加力量练习。

——运动强度：有氧运动强度由 60%～65%最大心率，逐渐增加到 70%～80%最大心率；每周可安排一次无氧运动，力量练习采用 20 RM 以上负荷，重复 6～8 次。

——持续时间：每次运动 30～50 分钟；如安排无氧运动，每次运动 10～15 分钟；每周 1～2 次力量练习，每次 6～8 种肌肉力量练习，各重复 1～2 组，进行 5～10 分钟牵拉练习。

——运动频度：3～5 天/周。

在这一阶段，体育健身活动方案基本固定，逐步过渡到长期稳定的体育健身活动方案。中期体育健身活动方案举例见表 7。

表7 中期体育健身活动方案举例

<table>
<tr><td>活动内容</td><td>星期一</td><td>星期二</td><td>星期三</td><td>星期四</td><td>星期五</td><td>星期六</td><td>星期日</td></tr>
<tr><td>有氧运动</td><td rowspan="3">休息</td><td>快走1 000米，慢跑 2000 米，最大心 130 ～ 140 次/分</td><td>快走3 000米，心率 110～120 次/分</td><td></td><td rowspan="3">休息</td><td>郊游或登山 45 分钟</td><td>快走 3 000 米或蹬车 10 千米，心率 110～120 次/分</td></tr>
<tr><td>力量练习</td><td></td><td></td><td>力量练习 4个部位 20～30RM</td><td></td><td></td></tr>
<tr><td>牵拉练习</td><td>牵拉练习</td><td>牵拉练习</td><td>牵拉练习</td><td>牵拉练习</td><td>牵拉练习</td></tr>
<tr><td>基本描述</td><td colspan="7">一般持续时间为 8 周，每周 3～5 天，每次 30～40 分钟，其中有氧运动 2～4 天，力量练习 1～2 天，每次运动后牵拉 5～10 分钟</td></tr>
<tr><td>自我感受与评价</td><td colspan="7">运动后有舒适感，精神愉悦，体力增强。完成同样强度运动，身体感觉轻松</td></tr>
</table>

（三）长期体育健身活动方案

当身体机能达到较高水平、养成良好体育健身活动习惯后，应建立长期稳定、适合自身特点的体育健身活动方案。长期稳定的体育健身活动至少应包括每周进行200～300分钟的中等强度运动，或75～150分钟的大强度运动；每周进行2～3次力量练习，不少于5次的牵拉练习。具体方案为：

——运动方式：保持体育健身活动中期的运动方式。

——运动强度：中等强度运动相当于60%～80%最大心率，大强度运动达到80%以上最大心率；力量练习采用10～20RM负荷，重复10～15次；各种牵拉练习。

——持续时间：每次中等强度运动30～60分钟，或大强度无氧运动15～25分钟，或中等、大强度交替运动方式；8～10种肌肉力量练习，各重复2～3组，每次进行5～10分钟牵拉练习。

——运动频度：运动5～7天/周，大强度运动每周不超过3次。

长期体育健身活动方案举例见表8。

表8 长期体育健身活动方案举例

活动内容	星期一	星期二	星期三	星期四	星期五	星期六	星期日
有氧运动	休息	快走1 500米，跑3000～4000米，最大心率140～150次/分		快走4 000米或蹬车15千米，心率100～120次/分	快走1 000米	郊游或登山60分钟	跑步4 000米心率140～150次/分
力量练习			6～8个部位，20次30RM，每个部位2～3组		6～8个部位，12～20RM每个部位2～3组		
牵拉练习		牵拉练习	牵拉练习	牵拉练习	牵拉练习	牵拉练习	牵拉练习
基本描述	相对稳定的长期体育健身活动方案，每周3～7天，3～4天中等强度运动，1～2天大强度运动，每次运动30～60分钟，每周1～2次力量练习，每次运动后10分钟牵拉						
自我感受与评价	运动后有舒适感，精神愉悦，体力增强。有氧运动能力、肌肉力量和柔韧能力不同程度提高。完成同样运动，身体感觉轻松						

注：附件1～附件11（略）。

附件2

公共文化体育设施条例

（2003年6月18日国务院第12次常务会议通过）

第一章 总 则

第一条 为了促进公共文化体育设施的建设，加强对公共文化体育设施的管理和保护，充分发挥公共文化体育设施的功能，繁荣文化体育事业，满足人民群众开展文化体育活动的基本需求，制定本条例。

第二条 本条例所称公共文化体育设施，是指由各级人民政府举办或者社会力量举办的，向公众开放用于开展文化体育活动的公益性的图书馆、博物馆、纪念馆、美术馆、文化馆（站）、体育场（馆）、青少年宫、工人文化宫等的建筑物、场地和设备。

本条例所称公共文化体育设施管理单位，是指负责公共文化体育设施的维护，为公众开展文化体育活动提供服务的社会公共文化体育机构。

第三条 公共文化体育设施管理单位必须坚持为人民服务、为社会主义服务的方向，充分利用公共文化体育设施，传播有益于提高民族素质、有益于经济发展和社会进步的科学技术和文化知识，开展文明、健康的文化体育活动。

任何单位和个人不得利用公共文化体育设施从事危害公共利益的活动。

第四条 国家有计划地建设公共文化体育设施。对少数民族地区、边远贫困地区和农村地区的公共文化体育设施的建设予以扶持。

第五条 各级人民政府举办的公共文化体育设施的建设、维修、管理资金，应当列入本级人民政府基本建设投资计划和财政预算。

第六条 国家鼓励企业、事业单位、社会团体和个人等社会力量举办公共文化体育设施。

国家鼓励通过自愿捐赠等方式建立公共文化体育设施社会基金，并鼓励依法向人民政府、社会公益性机构或者公共文化体育设施管理单位捐赠财产。捐赠人可以按照税法的有关规定享受优惠。

国家鼓励机关、学校等单位内部的文化体育设施向公众开放。

第七条 国务院文化行政主管部门、体育行政主管部门依据国务院规定的职责负责全国的公共文化体育设施的监督管理。

县级以上地方人民政府文化行政主管部门、体育行政主管部门依据本级人民政府规定的职责，负责本行政区域内的公共文化体育设施的监督管理。

第八条 对在公共文化体育设施的建设、管理和保护工作中做出突出贡献的单位和个人，由县级以上地方人民政府或者有关部门给予奖励。

第二章 规划和建设

第九条 国务院发展和改革行政主管部门应当会同国务院文化行政主管部门、体育行政主管部门，将全国公共文化体育设施的建设纳入国民经济和社会发展计划。

县级以上地方人民政府应当将本行政区域内的公共文化体育设施的建设纳入当地国民经济和社会发展计划。

第十条 公共文化体育设施的数量、种类、规模以及布局，应当根据国民经济和社会发展水平、人口结构、环境条件以及文化体育事业发展的需要，统筹兼顾，优化配置，并符合国家关于城乡公共文化体育设施用地定额指标的规定。

公共文化体育设施用地定额指标，由国务院土地行政主管部门、建设行政主管部门分别会同国务院文化行政主管部门、体育行政主管部门制定。

第十一条　公共文化体育设施的建设选址，应当符合人口集中、交通便利的原则。

第十二条　公共文化体育设施的设计，应当符合实用、安全、科学、美观等要求，并采取无障碍措施，方便残疾人使用。具体设计规范由国务院建设行政主管部门会同国务院文化行政主管部门、体育行政主管部门制定。

第十三条　建设公共文化体育设施使用国有土地的，经依法批准可以以划拨方式取得。

第十四条　公共文化体育设施的建设预留地，由县级以上地方人民政府土地行政主管部门、城乡规划行政主管部门按照国家有关用地定额指标，纳入土地利用总体规划和城乡规划，并依照法定程序审批。任何单位或者个人不得侵占公共文化体育设施建设预留地或者改变其用途。

因特殊情况需要调整公共文化体育设施建设预留地的，应当依法调整城乡规划，并依照前款规定重新确定建设预留地。重新确定的公共文化体育设施建设预留地不得少于原有面积。

第十五条　新建、改建、扩建居民住宅区，应当按照国家有关规定规划和建设相应的文化体育设施。

居民住宅区配套建设的文化体育设施，应当与居民住宅区的主体工程同时设计、同时施工、同时投入使用。任何单位或者个人不得擅自改变文化体育设施的建设项目和功能，不得缩小其建设规模和降低其用地指标。

第三章　使用和服务

第十六条　公共文化体育设施管理单位应当完善服务条件，建立、健全服务规范，开展与公共文化体育设施功能、特点相适应的服务，保障公共文化体育设施用于开展文明、健康的文化体育活动。

第十七条　公共文化体育设施应当根据其功能、特点向公众开放，开放时间应当与当地公众的工作时间、学习时间适当错开。

公共文化体育设施的开放时间，不得少于省、自治区、直辖市规定的最低时限。国家法定节假日和学校寒暑假期间，应当适当延长开放时间。

学校寒暑假期间，公共文化体育设施管理单位应当增设适合学生特点的文化体育活动。

第十八条　公共文化体育设施管理单位应当向公众公示其服务内容和开放时间。公共文化体育设施因维修等原因需要暂时停止开放的，应当提前 7 日向公众公示。

第十九条　公共文化体育设施管理单位应当在醒目位置标明设施的使用方法和注意事项。

第二十条　公共文化体育设施管理单位提供服务可以适当收取费用，收费项目和标准应当经县级以上人民政府有关部门批准。

第二十一条　需要收取费用的公共文化体育设施管理单位，应当根据设施的功能、特点对学生、老年人、残疾人等免费或者优惠开放，具体办法由省、自治区、直辖市制定。

第二十二条　公共文化设施管理单位可以将设施出租用于举办文物展览、美术展览、艺术培训等文化活动。

公共体育设施管理单位不得将设施的主体部分用于非体育活动。但是，因举办公益性活动或者大型文化活动等特殊情况临时出租的除外。临时出租时间一般不得超过 10 日；租用期满，租用者应当恢复原状，不得影响该设施的功能、用途。

第二十三条　公众在使用公共文化体育设施时，应当遵守公共秩序，爱护公共文化体育设施。任何单位或者个人不得损坏公共文化体育设施。

第四章　管理和保护

第二十四条　公共文化体育设施管理单位应当将公共文化体育设施的名称、地址、服务项目等内容报所在地县级人民政府文化行政主管部门、体育行政主管部门备案。

县级人民政府文化行政主管部门、体育行政主管部门应当向公众公布公共文化体育设施名录。

第二十五条　公共文化体育设施管理单位应当建立、健全安全管理制度，依法配备安全保护设施、人员，保证公共文化体育设施的完好，确保公众安全。

公共体育设施内设置的专业性强、技术要求高的体育项目，应当符合国家规定的安全服务技术要求。

第二十六条　公共文化体育设施管理单位的各项收入，应当用于公共文化体育设施的维护、管理和事业发展，不得挪作他用。

文化行政主管部门、体育行政主管部门、财政部门和其他有关部门，应当依法加强对公共文化体育设施管理单位收支的监督管理。

第二十七条　因城乡建设确需拆除公共文化体育设施或者改变其功能、用途的，有关地方人民政府在作出决定前，应当组织专家论证，并征得上一级人民政府文化行政主管部门、体育行政主管部门同意，报上一级人民政府批准。

涉及大型公共文化体育设施的，上一级人民政府在批准前，应当举行听证会，听取公众意见。

经批准拆除公共文化体育设施或者改变其功能、用途的，应当依照国家有关法律、行政法规的规定择地重建。重新建设的公共文化体育设施，应当符合规划要求，一般不得小于原有规模。迁建工作应当坚持先建设后拆除或者建设拆除同时进行的原则。迁建所需费用由造成迁建的单位承担。

第五章　法律责任

第二十八条　文化、体育、城乡规划、建设、土地等有关行政主管部门及其工作人员，不依法履行职责或者发现违法行为不予依法查处的，对负有责任的主管人员和其他直接责任人员，依法给予行政处分；构成犯罪的，依法追究刑事责任。

第二十九条　侵占公共文化体育设施建设预留地或者改变其用途的，由土地行政主管部门、城乡规划行政主管部门依据各自职责责令限期改正；逾期不改正的，由作出决定的机关依法申请人民法院强制执行。

第三十条　公共文化体育设施管理单位有下列行为之一的，由文化行政主管部门、体育行政主管部门依据各自职责责令限期改正；造成严重后果的，对负有责任的主管人员和其他直接责任人员，依法给予行政处分：

（一）未按照规定的最低时限对公众开放的；

（二）未公示其服务项目、开放时间等事项的；

（三）未在醒目位置标明设施的使用方法或者注意事项的；

（四）未建立、健全公共文化体育设施的安全管理制度的；

（五）未将公共文化体育设施的名称、地址、服务项目等内容报文化行政主管部门、体育行政主管部门备案的。

第三十一条　公共文化体育设施管理单位，有下列行为之一的，由文化行政主管部门、体育行政主管部门依据各自职责责令限期改正，没收违法所得，违法所得 5 000 元以上的，并处违法所得 2 倍以上 5 倍以下的罚款；没有违法所得或者违法所得 5 000 元以下的，可以处 1 万元以下的罚款；对负有责任的主管人员和其他直接责任人员，依法给予行政处分：

（一）开展与公共文化体育设施功能、用途不相适应的服务活动的；

（二）违反本条例规定出租公共文化体育设施的。

第三十二条　公共文化体育设施管理单位及其工作人员违反本条例规定，挪用公共文化体育设施管理单位的各项收入或者有条件维护而不履行维护义务的，由文化行政主管部门、体育行政主管部门依据

各自职责责令限期改正；对负有责任的主管人员和其他直接责任人员，依法给予行政处分；构成犯罪的，依法追究刑事责任。

第六章　附　则

第三十三条　国家机关、学校等单位内部的文化体育设施向公众开放的，由国务院文化行政主管部门、体育行政主管部门会同有关部门依据本条例的原则另行制定管理办法。

第三十四条　本条例自 2003 年 8 月 1 日起施行。

附件3

全民健身计划(2016—2020年)

国发[2016]37号

全民健康是国家综合实力的重要体现,是经济社会发展进步的重要标志。全民健身是实现全民健康的重要途径和手段,是全体人民增强体魄、幸福生活的基础保障。实施全民健身计划是国家的重要发展战略。在党中央、国务院正确领导下,过去五年,经过各地各有关部门和社会各界的共同努力,覆盖城乡、比较健全的全民健身公共服务体系基本形成,为提供更加完备公共体育服务、建设体育强国奠定坚实基础。今后五年,面对人民群众日益增长的体育健身需求、全面建成小康社会的目标要求、推动健康中国建设的机遇挑战,需要更加准确把握新时期全民健身发展内涵的深刻变化,不断开拓发展新境界,使其成为健康中国建设的有力支撑和全面建成小康社会的国家名片。为实施全民健身国家战略,提高全民族的身体素质和健康水平,制定本计划。

一、总体要求

(一)指导思想

全面贯彻党的十八大和十八届三中、四中、五中全会精神,紧紧围绕"四个全面"战略布局和党中央、国务院决策部署,牢固树立和贯彻落实创新、协调、绿色、开放、共享的发展理念,以增强人民体质、提高健康水平为根本目标,以满足人民群众日益增长的多元化体育健身需求为出发点和落脚点,坚持以人为本、改革创新、依法治体、确保基本、多元互促、注重实效的工作原则,通过立体构建、整合推进、动态实施,统筹建设全民健身公共服务体系和产业链、生态圈,提升全民健身现代治理能力,为全面建成小康社会贡献力量,为实现中华民族伟大复兴的中国梦奠定坚实基础。

(二)发展目标

到2020年,群众体育健身意识普遍增强,参加体育锻炼的人数明显增加,每周参加1次及以上体育锻炼的人数达到7亿,经常参加体育锻炼的人数达到4.35亿,群众身体素质稳步增强。全民健身的教育、经济和社会等功能充分发挥,与各项社会事业互促发展的局面基本形成,体育消费总规模达到1.5万亿元,全民健身成为促进体育产业发展、拉动内需和形成新的经济增长点的动力源。支撑国家发展目标、与全面建成小康社会相适应的全民健身公共服务体系日趋完善,政府主导、部门协同、全社会共同参与的全民健身事业发展格局更加明晰。

二、主要任务

(三)弘扬体育文化,促进人的全面发展

普及健身知识,宣传健身效果,弘扬健康新理念,把身心健康作为个人全面发展和适应社会的重要能力,树立以参与体育健身、拥有强健体魄为荣的个人发展理念,营造良好舆论氛围,通过体育健身提高个人的团队协作能力。引导发挥体育健身对形成健康文明生活方式的作用,树立人人爱锻炼、会锻炼、勤锻炼、重规则、讲诚信、争贡献、乐分享的良好社会风尚。

将体育文化融入体育健身的全周期和全过程,以举办体育赛事活动为抓手,大力宣传运动项目文化,弘扬奥林匹克精神和中华体育精神,挖掘传承传统体育文化,发挥区域特色文化遗产的作用。树立全民

健身榜样，讲述全民健身故事，传播社会正能量，发挥体育文化在践行社会主义核心价值观、弘扬中华民族传统美德、传承人类优秀文明成果和提升国家软实力等方面的独特价值和作用。

（四）开展全民健身活动，提供丰富多彩的活动供给

因时因地因需开展群众身边的健身活动，分层分类引导运动项目发展，丰富和完善全民健身活动体系。大力发展健身跑、健步走、骑行、登山、徒步、游泳、球类、广场舞等群众喜闻乐见的运动项目，积极培育帆船、击剑、赛车、马术、极限运动、航空等具有消费引领特征的时尚休闲运动项目，扶持推广武术、太极拳、健身气功等民族民俗民间传统和乡村农味农趣运动项目，鼓励开发适合不同人群、不同地域和不同行业特点的特色运动项目。

激发市场活力，为社会力量举办全民健身活动创造便利条件，发挥网络等新兴活动组织渠道的作用，完善业余体育竞赛体系。鼓励举办不同层次和类型的全民健身运动会，设立残疾人组别，促进健全人与残疾人体育运动融合开展。支持各地、各行业结合地域文化、农耕文化、旅游休闲等资源，打造具有区域特色、行业特点、影响力大、可持续性强的品牌赛事活动。推动各级各类体育赛事的成果惠及更多群众，促进竞技体育与群众体育全面协调发展。重视发挥健身骨干在开展全民健身活动中的作用，引导、服务、规范全民健身活动健康发展。

（五）推进体育社会组织改革，激发全民健身活力

按照社会组织改革发展的总体要求，加快推动体育社会组织成为政社分开、权责明确、依法自治的现代社会组织，引导体育社会组织向独立法人组织转变，推动其社会化、法治化、高效化发展，提高体育社会组织承接全民健身服务的能力和质量。

积极发挥全国性体育社会组织在开展全民健身活动、提供专业指导服务等方面的龙头示范作用。加强各级体育总会作为枢纽型体育社会组织的建设，带动各级各类单项、行业和人群体育组织开展全民健身活动。加强对基层文化体育组织的指导服务，重点培育发展在基层开展体育活动的城乡社区服务类社会组织，鼓励基层文化体育组织依法依规进行登记。推进体育社会组织品牌化发展并在社区建设中发挥作用，形成架构清晰、类型多样、服务多元、竞争有序的现代体育社会组织发展新局面。

（六）统筹建设全民健身场地设施，方便群众就近就便健身

按照配置均衡、规模适当、方便实用、安全合理的原则，科学规划和统筹建设全民健身场地设施。推动公共体育设施建设，着力构建县(市、区)、乡镇(街道)、行政村(社区)三级群众身边的全民健身设施网络和城市社区 15 分钟健身圈，人均体育场地面积达到 1.8 平方米，改善各类公共体育设施的无障碍条件。

有效扩大增量资源，重点建设一批便民利民的中小型体育场馆，建设县级体育场、全民健身中心、社区多功能运动场等场地设施，结合基层综合性文化服务中心、农村社区综合服务设施建设及区域特点，继续实施农民体育健身工程，实现行政村健身设施全覆盖。新建居住区和社区要严格落实按“室内人均建筑面积不低于 0.1 平方米或室外人均用地不低于 0.3 平方米”标准配建全民健身设施的要求，确保与住宅区主体工程同步设计、同步施工、同步验收、同步投入使用，不得挪用或侵占。老城区与已建成居住区无全民健身场地设施或现有场地设施未达到规划建设指标要求的，要因地制宜配建全民健身场地设施。充分利用旧厂房、仓库、老旧商业设施、农村“四荒”(荒山、荒沟、荒丘、荒滩)和空闲地等闲置资源，改造建设为全民健身场地设施，合理做好城乡空间的二次利用，推广多功能、季节性、可移动、可拆卸、绿色环保的健身设施。利用社会资金，结合国家主体功能区、风景名胜区、国家公园、旅游景区和新农村的规划与建设，合理利用景区、郊野公园、城市公园、公共绿地、广场及城市空置场所建设休闲健身场地设施。

进一步盘活存量资源，做好已建全民健身场地设施的使用、管理和提档升级，鼓励社会力量参与现有场地设施的管理运营。完善大型体育场馆免费或低收费开放政策，研究制定相关政策鼓励中小型体育场馆免费或低收费开放。确保公共体育场地设施和符合开放条件的企事业单位、学校体育场地设施向社会开放。

（七）发挥全民健身多元功能，形成服务大局、互促共进的发展格局

结合“健康中国 2030”等总体发展战略，以及科技、教育、文化、卫生、养老、助残等事业发展，统筹谋

划全民健身重大项目工程,发挥全民健身在促进素质教育、文化繁荣、社会包容、民生改善、民族团结、健身消费和大众创业、万众创新等方面的积极作用。

充分发挥全民健身对发展体育产业的推动作用,扩大与全民健身相关的体育健身休闲活动、体育竞赛表演活动、体育场馆服务、体育培训与教育、体育用品及相关产品制造和销售等体育产业规模,使健身服务业在体育产业中所占比重不断提高。鼓励发展健身信息聚合、智能健身硬件、健身在线培训教育等全民健身新业态。充分利用"互联网+"等技术开拓全民健身产品制造领域和消费市场,使体育消费在居民消费支出中所占比重不断提高。

(八)拓展国际大众体育交流,引领全民健身开放发展

坚持"请进来、走出去",拓展全民健身理论、项目、人才、设备等国际交流渠道,推动全民健身向更高层次发展。

搭建全民健身国际交流平台,加强国际间互动交流。传播和推广全民健身发展过程中的中国理念、中国故事、中国人物、中国标准、中国产品,发出中国声音,提升国际影响力,有效发挥全民健身在推广中国文化、提升国家形象和增强国家软实力等方面的独特作用。

(九)强化全民健身发展重点,着力推动基本公共体育服务均等化和重点人群、项目发展

依法保障基本公共体育服务,推动基本公共体育服务向农村延伸,以乡镇、农村社区为重点促进基本公共体育服务均等化。坚持普惠性、保基本、兜底线、可持续、因地制宜的原则,重点扶持革命老区、民族地区、边疆地区、贫困地区发展全民健身事业。

将青少年作为实施全民健身计划的重点人群,大力普及青少年体育活动,提高青少年身体素质。加强学校体育教育,将提高青少年的体育素养和养成健康行为方式作为学校教育的重要内容,保证学生在校的体育场地和锻炼时间,把学生体质健康水平纳入工作考核体系,加强学校体育工作绩效评估和行政问责。全面实施青少年体育活动促进计划,积极发挥"青少年阳光体育大会"等青少年体育品牌活动的示范引领作用,使青少年提升身体素质、掌握运动技能、培养锻炼兴趣,形成终身体育健身的良好习惯。推进老年宜居环境建设,统筹规划建设公益性老年健身体育设施,加强社区养老服务设施与社区体育设施的功能衔接,提高使用率,支持社区利用公共服务设施和社会场所组织开展适合老年人的体育健身活动,为老年人健身提供科学指导。进一步加大对国家全民健身助残工程的支持力度,采取优惠政策,推动残疾人康复体育和健身体育广泛开展。开展职工、农民、妇女、幼儿体育,推动将外来务工人员公共体育服务纳入属地供给体系。加大对社区矫正人员等特殊人群的全民健身服务供给,使其享受更多社会关爱,在融入社会方面增加获得感和满足感。

加快发展足球运动和冰雪运动。着力加大足球场地供给,把建设足球场地纳入城镇化和新农村建设总体规划,因地制宜鼓励社会力量建设小型、多样化的足球场地。广泛开展校园足球活动,抓紧完善常态化、纵横贯通的大学、高中、初中、小学四级足球竞赛体系。积极倡导和组织行业、社区、企业、部队、残疾人、中老年、五人制、沙滩足球等形式多样的民间足球活动,举办多层级足球赛事,不断扩大足球人口规模,促进足球运动蓬勃发展。大力推广普及冰雪运动,利用筹备和举办北京2022年冬奥会和冬残奥会的契机,实施群众冬季运动推广普及计划。支持各地建设和改建多功能冰场和雪场,引导社会力量进入冰雪运动领域,推进冰雪运动进景区、进商场、进社区、进学校,扶持花样滑冰、冰球、高山滑雪等具有一定群众基础的冰雪健身休闲项目,打造品牌冰雪运动俱乐部、冰雪运动院校和一系列观赏性强、群众参与度高的品牌赛事活动。积极培育冰雪设备和运动装备产业,推动其发展壮大。鼓励各地依托当地自然人文资源开展形式多样的冰雪运动,实现3亿人参与冰雪运动,使冰雪运动的群众基础更加坚实。

三、保障措施

(十)完善全民健身工作机制

通过强化政府主导、部门协同、全社会共同参与的全民健身组织架构,推动各项工作顺利开展。政府

要按照科学统筹、合理布局的原则,做好宏观管理、政策制定、资源整合分配、工作监督评估和协调跨部门联动;各有关部门要将全民健身工作与现有政策、目标、任务相对接,按照职责分工制定工作规划、落实工作任务;智库可为有关全民健身的重要工作、重大项目提供咨询服务,并在顶层设计和工作落实中发挥作用;社会组织可在日常体育健身活动的引导、培训、组织和体育赛事活动的承办等方面发挥作用,积极参与全民健身公共服务体系建设。以健康为主题,整合基层宣传、卫生计生、文化、教育、民政、养老、残联、旅游等部门相关工作,在街道、乡镇层面探索建设健康促进服务中心。

(十一)加大资金投入与保障

建立多元化资金筹集机制,优化投融资引导政策,推动落实财税等各项优惠政策。县级以上地方人民政府应当将全民健身工作相关经费纳入财政预算,并随着国民经济的发展逐步增加对全民健身的投入。安排一定比例的彩票公益金等财政资金,通过设立体育场地设施建设专项投资基金和政府购买服务等方式,鼓励社会力量投资建设体育场地设施,支持群众健身消费。依据政府购买服务总体要求和有关规定,制定政府购买全民健身公共服务的目录、办法及实施细则,加大对基层健身组织和健身赛事活动等的购买比重。完善中央转移支付方式,鼓励和引导地方政府加大对全民健身的财政投入。落实好公益性捐赠税前扣除政策,引导公众对全民健身事业进行捐赠。社会力量通过公益性社会组织或县级以上人民政府及其部门用于全民健身事业的公益性捐赠,符合税法规定的部分,可在计算企业所得税和个人所得税时依法从其应纳税所得额中扣除。

(十二)建立全民健身评价体系

制定全民健身相关规范和评价标准,建立政府、社会、专家等多方力量共同组成的工作平台,采用多层级、多主体、多方位的方式对全民健身发展水平进行立体评估,注重发挥各类媒体的监督作用。把全民健身评价指标纳入精神文明建设以及全国文明城市、文明村镇、文明单位、文明家庭和文明校园创建的内容,将全民健身公共服务相关内容纳入国家基本公共服务和现代公共文化服务体系。进一步明确全民健身发展的核心指标、评价标准和测评方法,为衡量各地全民健身发展水平提供科学依据。出台全国全民健身公共服务体系建设指导标准,鼓励各地结合实际制定全民健身公共服务体系建设地方标准,推进全民健身基本公共服务均等化、标准化。鼓励各地依托特色资源,积极创建体育特色城市、体育生活化街道(乡镇)和体育生活化社区(村)。继续完善全民健身统计制度,做好体育场地普查、国民体质监测以及全民健身活动状况调查数据分析,结合卫生计生部门的营养与慢性病状况调查等,推进全民健身科学决策。

(十三)创新全民健身激励机制

搭建更加适应时代发展需求的全民健身激励平台,拓展激励范围,有效调动城乡基层单位和个人的积极性,发挥典型示范带动作用。推行《国家体育锻炼标准》,颁发体育锻炼标准证书、证章,有条件的地方可通过试行向特定人群或在特定时段发放体育健身消费券等方式,建立多渠道、市场化的全民健身激励机制。鼓励对体育组织、体育场馆、全民健身品牌赛事和活动等的名称、标志等无形资产的开发和运用,引导开发科技含量高、拥有自主知识产权的全民健身产品,提高产品附加值。对支持和参与全民健身、在实施全民健身计划中作出突出贡献的组织机构和个人进行表彰。

(十四)强化全民健身科技创新

制定并实施运动促进健康科技行动计划,推广“运动是良医”等理念,提高全民健身方法和手段的科技含量。开展国民体质测试,开发应用国民体质健康监测大数据,研究制定并推广普及健身指导方案、运动处方库和中国人体育健身活动指南,开展运动风险评估,大力开展科学健身指导,提高群众的科学健身意识、素养和能力水平。推动移动互联网、云计算、大数据、物联网等现代信息技术手段与全民健身相结合,建设全民健身管理资源库、服务资源库和公共服务信息平台,使全民健身服务更加便捷、高效、精准。利用大数据技术及时分析经常参加体育锻炼人数、体育设施利用率,进行运动健身效果综合评价,提高全民健身指导水平和全民健身设施监管效率。推进全民健身场地设施创新,促进全民健身场地设施升级换代,为群众提供更加便利、科学、安全、灵活、无障碍的健身场地设施。积极支持体育用品制造业创新发展,采用新技术、新材料、新工艺,提高产品科技含量,增加产品品种,提升体育用品的质量水平和品牌影响力。鼓励企业参与全民健身科技创新平台和科学健身指导平台建设,加强全民健身科学研究和科学健身指导。

（十五）加强全民健身人才队伍建设

树立新型全民健身人才观,发挥人才在推动全民健身中的基础性、先导性作用,努力培养适应全民健身发展需要的组织、管理、研究、健康指导、志愿服务、宣传推广等方面的人才队伍。创新全民健身人才培养模式,加大对民间健身领军示范人物的发掘和扶持力度,重视对基层管理人员和工作人员中榜样人物的培育。将全民健身人才培养与综治、教育、人力资源社会保障、农业、文化、卫生计生、工会、残联等部门和单位的人才教育培训相衔接,畅通各类人才培养渠道。加强竞技体育与全民健身人才队伍的互联互通,形成全民健身与学校体育、竞技体育后备人才培养工作的良性互动局面,为各类体育人才培养和发挥作用创造条件。发挥互联网等科技手段在人才培训中的作用,加大对社会化体育健身培训机构的扶持力度。

（十六）完善法律政策保障

推动在《中华人民共和国体育法》修订过程中进一步完善全民健身的相关内容,依法保障公民的体育健身权利。推动加快地方全民健身立法,加强全民健身与精神文明、社区服务、公共文化、健康、卫生、旅游、科技、养老、助残等相关制度建设的统筹协调,完善健身消费政策,将加快全民健身相关产业与消费发展纳入体育产业和其他相关产业政策体系。建立健全全民健身执法机制和执法体系,做好全民健身中的纠纷预防与化解工作,利用社会资源提供多样化的全民健身法律服务。完善规划与土地政策,将体育场地设施用地纳入城乡规划、土地利用总体规划和年度用地计划,合理安排体育用地。鼓励保险机构创新开发与全民健身相关的保险产品,为举办和参与全民健身活动提供全面风险保障。

四、组织实施

（十七）加强组织领导与协调

各地要加强对全民健身事业的组织领导,建立完善实施全民健身计划的组织领导协调机制,确保全民健身国家战略深入推进。要把全民健身公共服务体系建设摆在重要位置,纳入当地国民经济和社会发展规划及基本公共服务发展规划,把相关重点工作纳入政府年度民生实事加以推进和考核,构建功能完善的综合性基层公共服务载体。

（十八）严格过程监管与绩效评估

县级以上地方人民政府要制定本地《全民健身实施计划(2016—2020年)》,做好任务分工和监督检查,并在2020年对《全民健身实施计划(2016—2020年)》实施情况进行全面评估。建立全民健身公共服务绩效评估指标体系,定期开展第三方评估和社会满意度调查,对重点目标、重大项目的实施进度和全民健身实施计划推进情况进行专项评估,形成包括媒体在内的多方监督机制。

附件 4

“健康中国 2030”规划纲要

（2016 年 10 月 25 日）

序言

健康是促进人的全面发展的必然要求，是经济社会发展的基础条件。实现国民健康长寿，是国家富强、民族振兴的重要标志，也是全国各族人民的共同愿望。

党和国家历来高度重视人民健康。新中国成立以来特别是改革开放以来，我国健康领域改革发展取得显著成就，城乡环境面貌明显改善，全民健身运动蓬勃发展，医疗卫生服务体系日益健全，人民健康水平和身体素质持续提高。2015 年我国人均预期寿命已达 76.34 岁，婴儿死亡率、5 岁以下儿童死亡率、孕产妇死亡率分别下降到 8.1‰、10.7‰和 0.201‰，总体上优于中高收入国家平均水平，为全面建成小康社会奠定了重要基础。同时，工业化、城镇化、人口老龄化、疾病谱变化、生态环境及生活方式变化等，也给维护和促进健康带来一系列新的挑战，健康服务供给总体不足与需求不断增长之间的矛盾依然突出，健康领域发展与经济社会发展的协调性有待增强，需要从国家战略层面统筹解决关系健康的重大和长远问题。

推进健康中国建设，是全面建成小康社会、基本实现社会主义现代化的重要基础，是全面提升中华民族健康素质、实现人民健康与经济社会协调发展的国家战略，是积极参与全球健康治理、履行 2030 年可持续发展议程国际承诺的重大举措。未来 15 年，是推进健康中国建设的重要战略机遇期。经济保持中高速增长将为维护人民健康奠定坚实基础，消费结构升级将为发展健康服务创造广阔空间，科技创新将为提高健康水平提供有力支撑，各方面制度更加成熟更加定型将为健康领域可持续发展构建强大保障。

为推进健康中国建设，提高人民健康水平，根据党的十八届五中全会战略部署，制定本规划纲要。本规划纲要是推进健康中国建设的宏伟蓝图和行动纲领。全社会要增强责任感、使命感，全力推进健康中国建设，为实现中华民族伟大复兴和推动人类文明进步作出更大贡献。

第一篇 总体战略

第一章 指导思想

推进健康中国建设，必须高举中国特色社会主义伟大旗帜，全面贯彻党的十八大和十八届三中、四中、五中全会精神，以马克思列宁主义、毛泽东思想、邓小平理论、“三个代表”重要思想、科学发展观为指导，深入学习贯彻习近平总书记系列重要讲话精神，紧紧围绕统筹推进“五位一体”总体布局和协调推进“四个全面”战略布局，认真落实党中央、国务院决策部署，坚持以人民为中心的发展思想，牢固树立和贯彻落实新发展理念，坚持正确的卫生与健康工作方针，以提高人民健康水平为核心，以体制机制改革创新为动力，以普及健康生活、优化健康服务、完善健康保障、建设健康环境、发展健康产业为重点，把健康融入所有政策，加快转变健康领域发展方式，全方位、全周期维护和保障人民健康，大幅提高健康水平，显著改善健康公平，为实现“两个一百年”奋斗目标和中华民族伟大复兴的中国梦提供坚实健康基础。

主要遵循以下原则：

——健康优先。把健康摆在优先发展的战略地位，立足国情，将促进健康的理念融入公共政策制定实施的全过程，加快形成有利于健康的生活方式、生态环境和经济社会发展模式，实现健康与经济社会良性协调发展。

——改革创新。坚持政府主导，发挥市场机制作用，加快关键环节改革步伐，冲破思想观念束缚，破除利益固化藩篱，清除体制机制障碍，发挥科技创新和信息化的引领支撑作用，形成具有中国特色、促进全民健康的制度体系。

——科学发展。把握健康领域发展规律，坚持预防为主、防治结合、中西医并重，转变服务模式，构建整合型医疗卫生服务体系，推动健康服务从规模扩张的粗放型发展转变到质量效益提升的绿色集约式发展，推动中医药和西医药相互补充、协调发展，提升健康服务水平。

——公平公正。以农村和基层为重点，推动健康领域基本公共服务均等化，维护基本医疗卫生服务的公益性，逐步缩小城乡、地区、人群间基本健康服务和健康水平的差异，实现全民健康覆盖，促进社会公平。

第二章 战略主题

“共建共享、全民健康”，是建设健康中国的战略主题。核心是以人民健康为中心，坚持以基层为重点，以改革创新为动力，预防为主，中西医并重，把健康融入所有政策，人民共建共享的卫生与健康工作方针，针对生活行为方式、生产生活环境以及医疗卫生服务等健康影响因素，坚持政府主导与调动社会、个人的积极性相结合，推动人人参与、人人尽力、人人享有，落实预防为主，推行健康生活方式，减少疾病发生，强化早诊断、早治疗、早康复，实现全民健康。

共建共享是建设健康中国的基本路径。从供给侧和需求侧两端发力，统筹社会、行业和个人三个层面，形成维护和促进健康的强大合力。要促进全社会广泛参与，强化跨部门协作，深化军民融合发展，调动社会力量的积极性和创造性，加强环境治理，保障食品药品安全，预防和减少伤害，有效控制影响健康的生态和社会环境危险因素，形成多层次、多元化的社会共治格局。要推动健康服务供给侧结构性改革，卫生计生、体育等行业要主动适应人民健康需求，深化体制机制改革，优化要素配置和服务供给，补齐发展短板，推动健康产业转型升级，满足人民群众不断增长的健康需求。要强化个人健康责任，提高全民健康素养，引导形成自主自律、符合自身特点的健康生活方式，有效控制影响健康的生活行为因素，形成热爱健康、追求健康、促进健康的社会氛围。

全民健康是建设健康中国的根本目的。立足全人群和全生命周期两个着力点，提供公平可及、系统连续的健康服务，实现更高水平的全民健康。要惠及全人群，不断完善制度、扩展服务、提高质量，使全体人民享有所需要的、有质量的、可负担的预防、治疗、康复、健康促进等健康服务，突出解决好妇女儿童、老年人、残疾人、低收入人群等重点人群的健康问题。要覆盖全生命周期，针对生命不同阶段的主要健康问题及主要影响因素，确定若干优先领域，强化干预，实现从胎儿到生命终点的全程健康服务和健康保障，全面维护人民健康。

第三章 战略目标

到 2020 年，建立覆盖城乡居民的中国特色基本医疗卫生制度，健康素养水平持续提高，健康服务体系完善高效，人人享有基本医疗卫生服务和基本体育健身服务，基本形成内涵丰富、结构合理的健康产业体系，主要健康指标居于中高收入国家前列。

到 2030 年，促进全民健康的制度体系更加完善，健康领域发展更加协调，健康生活方式得到普及，健康服务质量和健康保障水平不断提高，健康产业繁荣发展，基本实现健康公平，主要健康指标进入高收入国家行列。到 2050 年，建成与社会主义现代化国家相适应的健康国家。

到 2030 年具体实现以下目标：

——人民健康水平持续提升。人民身体素质明显增强，2030 年人均预期寿命达到 79.0 岁，人均健康预期寿命显著提高。

——主要健康危险因素得到有效控制。全民健康素养大幅提高，健康生活方式得到全面普及，有利于健康的生产生活环境基本形成，食品药品安全得到有效保障，消除一批重大疾病危害。

——健康服务能力大幅提升。优质高效的整合型医疗卫生服务体系和完善的全民健身公共服务体系全面建立，健康保障体系进一步完善，健康科技创新整体实力位居世界前列，健康服务质量和水平明显提高。

——健康产业规模显著扩大。建立起体系完整、结构优化的健康产业体系，形成一批具有较强创新能力和国际竞争力的大型企业，成为国民经济支柱性产业。

——促进健康的制度体系更加完善。有利于健康的政策法律法规体系进一步健全，健康领域治理体系和治理能力基本实现现代化。

健康中国建设主要指标如下：

领域：健康水平　指标：人均预期寿命（岁）　2015 年：76.34，2020 年：77.3，2030 年：79.0

领域：健康水平　指标：婴儿死亡率（‰）　2015 年：8.1，2020 年：7.5，2030 年：5.0

领域：健康水平　指标：5 岁以下儿童死亡率（‰）　2015 年：10.7，2020 年：9.5，2030 年：6.0

领域：健康水平　指标：孕产妇死亡率（1/10 万）　2015 年：20.1，2020 年：18.0，2030 年：12.0

领域：健康水平　指标：城乡居民达到《国民体质测定标准》合格以上的人数比例（％）　2015 年：89.6（2014 年），2020 年：90.6，2030 年：92.2

领域：健康生活　指标：居民健康素养水平（％）　2015 年：10，2020 年：20，2030 年：30

领域：健康生活　指标：经常参加体育锻炼人数（亿人）　2015 年：3.6（2014 年），2020 年：4.35，2030 年：5.3

领域：健康服务与保障　指标：重大慢性病过早死亡率（％）　2015 年：19.1（2013 年），2020 年：比 2015 年降低 10％，2030 年：比 2015 年降低 30％

领域：健康服务与保障　指标：每千常住人口执业（助理）医师数（人）　2015 年：2.2，2020 年：2.5，2030 年：3.0

领域：健康服务与保障　指标：个人卫生支出占卫生总费用的比重（％）　2015 年：29.3，2020 年：28 左右，2030 年：25 左右

领域：健康环境　指标：地级及以上城市空气质量优良天数比率（％）　2015 年：76.7，2020 年：>80，2030 年：持续改善

领域：健康环境　指标：地表水质量达到或好于Ⅲ类水体比例（％）　2015 年：66，2020 年：>70，2030 年：持续改善

领域：健康产业　指标：健康服务业总规模（万亿元）　2015 年：—2020 年：>8，2030 年：16

第二篇　普及健康生活

第四章　加强健康教育

第一节　提高全民健康素养

推进全民健康生活方式行动，强化家庭和高危个体健康生活方式指导及干预，开展健康体重、健康口腔、健康骨骼等专项行动，到 2030 年基本实现以县（市、区）为单位全覆盖。开发推广促进健康生活的适宜技术和用品。建立健康知识和技能核心信息发布制度，健全覆盖全国的健康素养和生活方式监测体系。建立健全健康促进与教育体系，提高健康教育服务能力，从小抓起，普及健康科学知识。加强精神文明建设，发展健康文化，移风易俗，培育良好的生活习惯。各级各类媒体加大健康科学知识宣传力度，积极建设和规范各类广播电视等健康栏目，利用新媒体拓展健康教育。

第二节 加大学校健康教育力度

将健康教育纳入国民教育体系，把健康教育作为所有教育阶段素质教育的重要内容。以中小学为重点，建立学校健康教育推进机制。构建相关学科教学与教育活动相结合、课堂教育与课外实践相结合、经常性宣传教育与集中式宣传教育相结合的健康教育模式。培养健康教育师资，将健康教育纳入体育教师职前教育和职后培训内容。

第五章 塑造自主自律的健康行为

第一节 引导合理膳食

制定实施国民营养计划，深入开展食物(农产品、食品)营养功能评价研究，全面普及膳食营养知识，发布适合不同人群特点的膳食指南，引导居民形成科学的膳食习惯，推进健康饮食文化建设。建立健全居民营养监测制度，对重点区域、重点人群实施营养干预，重点解决微量营养素缺乏、部分人群油脂等高热能食物摄入过多等问题，逐步解决居民营养不足与过剩并存问题。实施临床营养干预。加强对学校、幼儿园、养老机构等营养健康工作的指导。开展示范健康食堂和健康餐厅建设。到 2030 年，居民营养知识素养明显提高，营养缺乏疾病发生率显著下降，全国人均每日食盐摄入量降低 20%，超重、肥胖人口增长速度明显放缓。

第二节 开展控烟限酒

全面推进控烟履约，加大控烟力度，运用价格、税收、法律等手段提高控烟成效。深入开展控烟宣传教育。积极推进无烟环境建设，强化公共场所控烟监督执法。推进公共场所禁烟工作，逐步实现室内公共场所全面禁烟。领导干部要带头在公共场所禁烟，把党政机关建成无烟机关。强化戒烟服务。到 2030 年，15 岁以上人群吸烟率降低到 20%。加强限酒健康教育，控制酒精过度使用，减少酗酒。加强有害使用酒精监测。

第三节 促进心理健康

加强心理健康服务体系建设和规范化管理。加大全民心理健康科普宣传力度，提升心理健康素养。加强对抑郁症、焦虑症等常见精神障碍和心理行为问题的干预，加大对重点人群心理问题早期发现和及时干预力度。加强严重精神障碍患者报告登记和救治救助管理。全面推进精神障碍社区康复服务。提高突发事件心理危机的干预能力和水平。到 2030 年，常见精神障碍防治和心理行为问题识别干预水平显著提高。

第四节 减少不安全性行为和毒品危害

强化社会综合治理，以青少年、育龄妇女及流动人群为重点，开展性道德、性健康和性安全宣传教育和干预，加强对性传播高危行为人群的综合干预，减少意外妊娠和性相关疾病传播。大力普及有关毒品危害、应对措施和治疗途径等知识。加强全国戒毒医疗服务体系建设，早发现、早治疗成瘾者。加强戒毒药物维持治疗与社区戒毒、强制隔离戒毒和社区康复的衔接。建立集生理脱毒、心理康复、就业扶持、回归社会于一体的戒毒康复模式，最大限度减少毒品社会危害。

第六章 提高全民身体素质

第一节 完善全民健身公共服务体系

统筹建设全民健身公共设施，加强健身步道、骑行道、全民健身中心、体育公园、社区多功能运动场等场地设施建设。到 2030 年，基本建成县乡村三级公共体育设施网络，人均体育场地面积不低于 2.3 平方米，在城镇社区实现 15 分钟健身圈全覆盖。推行公共体育设施免费或低收费开放，确保公共体育场地设施和符合开放条件的企事业单位体育场地设施全部向社会开放。加强全民健身组织网络建设，扶持和引导基层体育社会组织发展。

第二节 广泛开展全民健身运动

继续制定实施全民健身计划，普及科学健身知识和健身方法，推动全民健身生活化。组织社会体育指导员广泛开展全民健身指导服务。实施国家体育锻炼标准，发展群众健身休闲活动，丰富和完善全民健身体系。大力发展群众喜闻乐见的运动项目，鼓励开发适合不同人群、不同地域特点的特色运动项目，扶持推广太极拳、健身气功等民族民俗民间传统运动项目。

第三节 加强体医融合和非医疗健康干预

发布体育健身活动指南，建立完善针对不同人群、不同环境、不同身体状况的运动处方库，推动形成体医结合的疾病管理与健康服务模式，发挥全民科学健身在健康促进、慢性病预防和康复等方面的积极作用。加强全民健身科技创新平台和科学健身指导服务站点建设。开展国民体质测试，完善体质健康监测体系，开发应用国民体质健康监测大数据，开展运动风险评估。

第四节 促进重点人群体育活动

制定实施青少年、妇女、老年人、职业群体及残疾人等特殊群体的体质健康干预计划。实施青少年体育活动促进计划，培育青少年体育爱好，基本实现青少年熟练掌握1项以上体育运动技能，确保学生校内每天体育活动时间不少于1小时。到2030年，学校体育场地设施与器材配置达标率达到100%，青少年学生每周参与体育活动达到中等强度3次以上，国家学生体质健康标准达标优秀率25%以上。加强科学指导，促进妇女、老年人和职业群体积极参与全民健身。实行工间健身制度，鼓励和支持新建工作场所建设适当的健身活动场地。推动残疾人康复体育和健身体育广泛开展。

第三篇 优化健康服务

第七章 强化覆盖全民的公共卫生服务

第一节 防治重大疾病

实施慢性病综合防控战略，加强国家慢性病综合防控示范区建设。强化慢性病筛查和早期发现，针对高发地区重点癌症开展早诊早治工作，推动癌症、脑卒中、冠心病等慢性病的机会性筛查。基本实现高血压、糖尿病患者管理干预全覆盖，逐步将符合条件的癌症、脑卒中等重大慢性病早诊早治适宜技术纳入诊疗常规。加强学生近视、肥胖等常见病防治。到2030年，实现全人群、全生命周期的慢性病健康管理，总体癌症5年生存率提高15%。加强口腔卫生，12岁儿童患龋率控制在25%以内。

加强重大传染病防控。完善传染病监测预警机制。继续实施扩大国家免疫规划，适龄儿童国家免疫规划疫苗接种率维持在较高水平，建立预防接种异常反应补偿保险机制。加强艾滋病检测、抗病毒治疗和随访管理，全面落实临床用血核酸检测和预防艾滋病母婴传播，疫情保持在低流行水平。建立结核病防治综合服务模式，加强耐多药肺结核筛查和监测，规范肺结核诊疗管理，全国肺结核疫情持续下降。有效应对流感、手足口病、登革热、麻疹等重点传染病疫情。继续坚持以传染源控制为主的血吸虫病综合防治策略，全国所有流行县达到消除血吸虫病标准。继续巩固全国消除疟疾成果。全国所有流行县基本控制包虫病等重点寄生虫病流行。保持控制和消除重点地方病，地方病不再成为危害人民健康的重点问题。加强突发急性传染病防治，积极防范输入性突发急性传染病，加强鼠疫等传统烈性传染病防控。强化重大动物源性传染病的源头治理。

第二节 完善计划生育服务管理

健全人口与发展的综合决策体制机制，完善有利于人口均衡发展的政策体系。改革计划生育服务管理方式，更加注重服务家庭，构建以生育支持、幼儿养育、青少年发展、老人赡养、病残照料为主题的家庭发展政策框架，引导群众负责任、有计划地生育。完善国家计划生育技术服务政策，加大再生育计划生育技术服务保障力度。全面推行知情选择，普及避孕节育和生殖健康知识。完善计划生育家庭奖励扶助制度和特别扶助制度，实行奖励扶助金标准动态调整。坚持和完善计划生育目标管理责任制，完善宣传倡导、依法管理、优质服务、政策推动、综合治理的计划生育长效工作机制。建立健全出生人口监测工作机制。继续开展出生人口性别比治理。到 2030 年，全国出生人口性别比实现自然平衡。

第三节 推进基本公共卫生服务均等化

继续实施完善国家基本公共卫生服务项目和重大公共卫生服务项目，加强疾病经济负担研究，适时调整项目经费标准，不断丰富和拓展服务内容，提高服务质量，使城乡居民享有均等化的基本公共卫生服务，做好流动人口基本公共卫生计生服务均等化工作。

第八章 提供优质高效的医疗服务

第一节 完善医疗卫生服务体系

全面建成体系完整、分工明确、功能互补、密切协作、运行高效的整合型医疗卫生服务体系。县和市域内基本医疗卫生资源按常住人口和服务半径合理布局，实现人人享有均等化的基本医疗卫生服务；省级及以上分区域统筹配置，整合推进区域医疗资源共享，基本实现优质医疗卫生资源配置均衡化，省域内人人享有均质化的危急重症、疑难病症诊疗和专科医疗服务；依托现有机构，建设一批引领国内、具有全球影响力的国家级医学中心，建设一批区域医学中心和国家临床重点专科群，推进京津冀、长江经济带等区域医疗卫生协同发展，带动医疗服务区域发展和整体水平提升。加强康复、老年病、长期护理、慢性病管理、安宁疗护等接续性医疗机构建设。实施健康扶贫工程，加大对中西部贫困地区医疗卫生机构建设支持力度，提升服务能力，保障贫困人口健康。到 2030 年，15 分钟基本医疗卫生服务圈基本形成，每千常住人口注册护士数达到 4.7 人。

第二节 创新医疗卫生服务供给模式

建立专业公共卫生机构、综合和专科医院、基层医疗卫生机构“三位一体”的重大疾病防控机制，建立信息共享、互联互通机制，推进慢性病防、治、管整体融合发展，实现医防结合。建立不同层级、不同类别、不同举办主体医疗卫生机构间目标明确、权责清晰的分工协作机制，不断完善服务网络、运行机制和激励机制，基层普遍具备居民健康守门人的能力。完善家庭医生签约服务，全面建立成熟完善的分级诊疗制度，形成基层首诊、双向转诊、上下联动、急慢分治的合理就医秩序，健全治疗—康复—长期护理服务链。引导三级公立医院逐步减少普通门诊，重点发展危急重症、疑难病症诊疗。完善医疗联合体、医院集团等多种分工协作模式，提高服务体系整体绩效。加快医疗卫生领域军民融合，积极发挥军队医疗卫生机构作用，更好地为人民服务。

第三节 提升医疗服务水平和质量

建立与国际接轨、体现中国特色的医疗质量管理与控制体系，基本健全覆盖主要专业的国家、省、市三级医疗质量控制组织，推出一批国际化标准规范。建设医疗质量管理与控制信息化平台，实现全行业全方位精准、实时管理与控制，持续改进医疗质量和医疗安全，提升医疗服务同质化程度，再住院率、抗菌药物使用率等主要医疗服务质量指标达到或接近世界先进水平。全面实施临床路径管理，规范诊疗行为，优化诊疗流程，增强患者就医获得感。推进合理用药，保障临床用血安全，基本实现医疗机构检查、检验结果互认。加强医疗服务人文关怀，构建和谐医患关系。依法严厉打击涉医违法犯罪行为特别是伤害医务人员的暴力犯罪行为，保护医务人员安全。

第九章 充分发挥中医药独特优势

第一节 提高中医药服务能力

实施中医临床优势培育工程，强化中医药防治优势病种研究，加强中西医结合，提高重大疑难病、危急重症临床疗效。大力发展中医非药物疗法，使其在常见病、多发病和慢性病防治中发挥独特作用。发展中医特色康复服务。健全覆盖城乡的中医医疗保健服务体系。在乡镇卫生院和社区卫生服务中心建立中医馆、国医堂等中医综合服务区，推广适宜技术，所有基层医疗卫生机构都能够提供中医药服务。促进民族医药发展。到 2030 年，中医药在治未病中的主导作用、在重大疾病治疗中的协同作用、在疾病康复中的核心作用得到充分发挥。

第二节 发展中医养生保健治未病服务

实施中医治未病健康工程，将中医药优势与健康管理结合，探索融健康文化、健康管理、健康保险为一体的中医健康保障模式。鼓励社会力量举办规范的中医养生保健机构，加快养生保健服务发展。拓展中医医院服务领域，为群众提供中医健康咨询评估、干预调理、随访管理等治未病服务。鼓励中医医疗机构、中医医师为中医养生保健机构提供保健咨询和调理等技术支持。开展中医中药中国行活动，大力传播中医药知识和易于掌握的养生保健技术方法，加强中医药非物质文化遗产的保护和传承运用，实现中医药健康养生文化创造性转化、创新性发展。

第三节 推进中医药继承创新

实施中医药传承创新工程，重视中医药经典医籍研读及挖掘，全面系统继承历代各家学术理论、流派及学说，不断弘扬当代名老中医药专家学术思想和临床诊疗经验，挖掘民间诊疗技术和方药，推进中医药文化传承与发展。建立中医药传统知识保护制度，制定传统知识保护名录。融合现代科技成果，挖掘中药方剂，加强重大疑难疾病、慢性病等中医药防治技术和新药研发，不断推动中医药理论与实践发展。发展中医药健康服务，加快打造全产业链服务的跨国公司和国际知名的中国品牌，推动中医药走向世界。保护重要中药资源和生物多样性，开展中药资源普查及动态监测。建立大宗、道地和濒危药材种苗繁育基地，提供中药材市场动态监测信息，促进中药材种植业绿色发展。

第十章 加强重点人群健康服务

第一节 提高妇幼健康水平

实施母婴安全计划，倡导优生优育，继续实施住院分娩补助制度，向孕产妇免费提供生育全过程的基本医疗保健服务。加强出生缺陷综合防治，构建覆盖城乡居民，涵盖孕前、孕期、新生儿各阶段的出生缺陷防治体系。实施健康儿童计划，加强儿童早期发展，加强儿科建设，加大儿童重点疾病防治力度，扩大新生儿疾病筛查，继续开展重点地区儿童营养改善等项目。提高妇女常见病筛查率和早诊早治率。实施妇幼健康和计划生育服务保障工程，提升孕产妇和新生儿危急重症救治能力。

第二节 促进健康老龄化

推进老年医疗卫生服务体系建设，推动医疗卫生服务延伸至社区、家庭。健全医疗卫生机构与养老机构合作机制，支持养老机构开展医疗服务。推进中医药与养老融合发展，推动医养结合，为老年人提供治疗期住院、康复期护理、稳定期生活照料、安宁疗护一体化的健康和养老服务，促进慢性病全程防治管理服务同居家、社区、机构养老紧密结合。鼓励社会力量兴办医养结合机构。加强老年常见病、慢性病的健康指导和综合干预，强化老年人健康管理。推动开展老年心理健康与关怀服务，加强老年痴呆症等的有效干预。推动居家老人长期照护服务发展，全面建立经济困难的高龄、失能老人补贴制度，建立多层次长期护理保障制度。进一步完善政策，使老年人更便捷获得基本药物。

第三节 维护残疾人健康

制定实施残疾预防和残疾人康复条例。加大符合条件的低收入残疾人医疗救助力度，将符合条件的残疾人医疗康复项目按规定纳入基本医疗保险支付范围。建立残疾儿童康复救助制度，有条件的地方对残疾人基本型辅助器具给予补贴。将残疾人康复纳入基本公共服务，实施精准康复，为城乡贫困残疾人、重度残疾人提供基本康复服务。完善医疗机构无障碍设施，改善残疾人医疗服务。进一步完善康复服务体系，加强残疾人康复和托养设施建设，建立医疗机构与残疾人专业康复机构双向转诊机制，推动基层医疗卫生机构优先为残疾人提供基本医疗、公共卫生和健康管理等签约服务。制定实施国家残疾预防行动计划，增强全社会残疾预防意识，开展全人群、全生命周期残疾预防，有效控制残疾的发生和发展。加强对致残疾病及其他致残因素的防控。推动国家残疾预防综合试验区试点工作。继续开展防盲治盲和防聋治聋工作。

第四篇 完善健康保障

第十一章 健全医疗保障体系

第一节 完善全民医保体系

健全以基本医疗保障为主体、其他多种形式补充保险和商业健康保险为补充的多层次医疗保障体系。整合城乡居民基本医保制度和经办管理。健全基本医疗保险稳定可持续筹资和待遇水平调整机制，实现基金中长期精算平衡。完善医保缴费参保政策，均衡单位和个人缴费负担，合理确定政府与个人分担比例。改进职工医保个人账户，开展门诊统筹。进一步健全重特大疾病医疗保障机制，加强基本医保、城乡居民大病保险、商业健康保险与医疗救助等的有效衔接。到 2030 年，全民医保体系成熟定型。

第二节 健全医保管理服务体系

严格落实医疗保险基金预算管理。全面推进医保支付方式改革，积极推进按病种付费、按人头付费，积极探索按疾病诊断相关分组付费(DRGs)、按服务绩效付费，形成总额预算管理下的复合式付费方式，健全医保经办机构与医疗机构的谈判协商与风险分担机制。加快推进基本医保异地就医结算，实现跨省异地安置退休人员住院医疗费用直接结算和符合转诊规定的异地就医住院费用直接结算。全面实现医保智能监控，将医保对医疗机构的监管延伸到医务人员。逐步引入社会力量参与医保经办。加强医疗保险基础标准建设和应用。到 2030 年，全民医保管理服务体系完善高效。

第三节 积极发展商业健康保险

落实税收等优惠政策，鼓励企业、个人参加商业健康保险及多种形式的补充保险。丰富健康保险产品，鼓励开发与健康管理服务相关的健康保险产品。促进商业保险公司与医疗、体检、护理等机构合作，发展健康管理组织等新型组织形式。到 2030 年，现代商业健康保险服务业进一步发展，商业健康保险赔付支出占卫生总费用比重显著提高。

第十二章 完善药品供应保障体系

第一节 深化药品、医疗器械流通体制改革

推进药品、医疗器械流通企业向供应链上下游延伸开展服务，形成现代流通新体系。规范医药电子商务，丰富药品流通渠道和发展模式。推广应用现代物流管理与技术，健全中药材现代流通网络与追溯体系。落实医疗机构药品、耗材采购主体地位，鼓励联合采购。完善国家药品价格谈判机制。建立药品出厂价格信息可追溯机制。强化短缺药品供应保障和预警，完善药品储备制度和应急供应机制。建设遍及城乡的现代医药流通网络，提高基层和边远地区药品供应保障能力。

第二节 完善国家药物政策

巩固完善国家基本药物制度，推进特殊人群基本药物保障。完善现有免费治疗药品政策，增加艾滋病防治等特殊药物免费供给。保障儿童用药。完善罕见病用药保障政策。建立以基本药物为重点的临床综合评价体系。按照政府调控和市场调节相结合的原则，完善药品价格形成机制。强化价格、医保、采购等政策的衔接，坚持分类管理，加强对市场竞争不充分药品和高值医用耗材的价格监管，建立药品价格信息监测和信息公开制度，制定完善医保药品支付标准政策。

第五篇 建设健康环境

第十三章 深入开展爱国卫生运动

第一节 加强城乡环境卫生综合整治

持续推进城乡环境卫生整洁行动，完善城乡环境卫生基础设施和长效机制，统筹治理城乡环境卫生问题。加大农村人居环境治理力度，全面加强农村垃圾治理，实施农村生活污水治理工程，大力推广清洁能源。到 2030 年，努力把我国农村建设成为人居环境干净整洁、适合居民生活养老的美丽家园，实现人与自然和谐发展。实施农村饮水安全巩固提升工程，推动城镇供水设施向农村延伸，进一步提高农村集中供水率、自来水普及率、水质达标率和供水保证率，全面建立从源头到龙头的农村饮水安全保障体系。加快无害化卫生厕所建设，力争到 2030 年，全国农村居民基本都能用上无害化卫生厕所。实施以环境治理为主的病媒生物综合预防控制策略。深入推进国家卫生城镇创建，力争到 2030 年，国家卫生城市数量提高到全国城市总数的 50%，有条件的省（自治区、直辖市）实现全覆盖。

第二节 建设健康城市和健康村镇

把健康城市和健康村镇建设作为推进健康中国建设的重要抓手，保障与健康相关的公共设施用地需求，完善相关公共设施体系、布局和标准，把健康融入城乡规划、建设、治理的全过程，促进城市与人民健康协调发展。针对当地居民主要健康问题，编制实施健康城市、健康村镇发展规划。广泛开展健康社区、健康村镇、健康单位、健康家庭等建设，提高社会参与度。重点加强健康学校建设，加强学生健康危害因素监测与评价，完善学校食品安全管理、传染病防控等相关政策。加强健康城市、健康村镇建设监测与评价。到 2030 年，建成一批健康城市、健康村镇建设的示范市和示范村镇。

第十四章 加强影响健康的环境问题治理

第一节 深入开展大气、水、土壤等污染防治

以提高环境质量为核心，推进联防联控和流域共治，实行环境质量目标考核，实施最严格的环境保护制度，切实解决影响广大人民群众健康的突出环境问题。深入推进产业园区、新城、新区等开发建设规划环评，严格建设项目环评审批，强化源头预防。深化区域大气污染联防联控，建立常态化区域协作机制。完善重度及以上污染天气的区域联合预警机制。全面实施城市空气质量达标管理，促进全国城市环境空气质量明显改善。推进饮用水水源地安全达标建设。强化地下水管理和保护，推进地下水超采区治理与污染综合防治。开展国家土壤环境质量监测网络建设，建立建设用地土壤环境质量调查评估制度，开展土壤污染治理与修复。以耕地为重点，实施农用地分类管理。全面加强农业面源污染防治，有效保护生态系统和遗传多样性。加强噪声污染防控。

第二节 实施工业污染源全面达标排放计划

全面实施工业污染源排污许可管理，推动企业开展自行监测和信息公开，建立排污台账，实现持证按证排污。加快淘汰高污染、高环境风险的工艺、设备与产品。开展工业集聚区污染专项治理。以钢铁、水泥、石化等行业为重点，推进行业达标排放改造。

第三节 建立健全环境与健康监测、调查和风险评估制度

逐步建立健全环境与健康管理制度。开展重点区域、流域、行业环境与健康调查，建立覆盖污染源监测、环境质量监测、人群暴露监测和健康效应监测的环境与健康综合监测网络及风险评估体系。实施环境与健康风险管理。划定环境健康高风险区域，开展环境污染对人群健康影响的评价，探索建立高风险区域重点项目健康风险评估制度。建立环境健康风险沟通机制。建立统一的环境信息公开平台，全面推进环境信息公开。推进县级及以上城市空气质量监测和信息发布。

第十五章 保障食品药品安全

第一节 加强食品安全监管

完善食品安全标准体系，实现食品安全标准与国际标准基本接轨。加强食品安全风险监测评估，到2030年，食品安全风险监测与食源性疾病报告网络实现全覆盖。全面推行标准化、清洁化农业生产，深入开展农产品质量安全风险评估，推进农兽药残留、重金属污染综合治理，实施兽药抗菌药治理行动。加强对食品原产地指导监管，完善农产品市场准入制度。建立食用农产品全程追溯协作机制，完善统一权威的食品安全监管体制，建立职业化检查员队伍，加强检验检测能力建设，强化日常监督检查，扩大产品抽检覆盖面。加强互联网食品经营治理。加强进口食品准入管理，加大对境外源头食品安全体系检查力度，有序开展进口食品指定口岸建设。推动地方政府建设出口食品农产品质量安全示范区。推进食品安全信用体系建设，完善食品安全信息公开制度。健全从源头到消费全过程的监管格局，严守从农田到餐桌的每一道防线，让人民群众吃得安全、吃得放心。

第二节 强化药品安全监管

深化药品（医疗器械）审评审批制度改革，研究建立以临床疗效为导向的审批制度，提高药品（医疗器械）审批标准。加快创新药（医疗器械）和临床急需新药（医疗器械）的审评审批，推进仿制药质量和疗效一致性评价。完善国家药品标准体系，实施医疗器械标准提高计划，积极推进中药（材）标准国际化进程。全面加强药品监管，形成全品种、全过程的监管链条。加强医疗器械和化妆品监管。

第十六章 完善公共安全体系

第一节 强化安全生产和职业健康

加强安全生产，加快构建风险等级管控、隐患排查治理两条防线，切实降低重特大事故发生频次和危害后果。强化行业自律和监督管理职责，推动企业落实主体责任，推进职业病危害源头治理，强化矿山、危险化学品等重点行业领域安全生产监管。开展职业病危害基本情况普查，健全有针对性的健康干预措施。进一步完善职业安全卫生标准体系，建立完善重点职业病监测与职业病危害因素监测、报告和管理网络，遏制尘肺病和职业中毒高发势头。建立分级分类监管机制，对职业病危害高风险企业实施重点监管。开展重点行业领域职业病危害专项治理。强化职业病报告制度，开展用人单位职业健康促进工作，预防和控制工伤事故及职业病发生。加强全国个人辐射剂量管理和放射诊疗辐射防护。

第二节 促进道路交通安全

加强道路交通安全设施设计、规划和建设，组织实施公路安全生命防护工程，治理公路安全隐患。严格道路运输安全管理，提升企业安全自律意识，落实运输企业安全生产主体责任。强化安全运行监管能力和安全生产基础支撑。进一步加强道路交通安全治理，提高车辆安全技术标准，提高机动车驾驶人和交通参与者综合素质。到2030年，力争实现道路交通万车死亡率下降30%。

第三节 预防和减少伤害

建立伤害综合监测体系，开发重点伤害干预技术指南和标准。加强儿童和老年人伤害预防和干预，减少儿童交通伤害、溺水和老年人意外跌落，提高儿童玩具和用品安全标准。预防和减少自杀、意外中毒。建立消费品质量安全事故强制报告制度，建立产品伤害监测体系，强化重点领域质量安全监管，减少消费品安全伤害。

第四节 提高突发事件应急能力

加强全民安全意识教育。建立健全城乡公共消防设施建设和维护管理责任机制，到2030年，城乡公共消防设施基本实现全覆盖。提高防灾减灾和应急能力。完善突发事件卫生应急体系，提高早期预防、及时发现、快速反应和有效处置能力。建立包括军队医疗卫生机构在内的海陆空立体化的紧急医学救援体系，提升突发事件紧急医学救援能力。到2030年，建立起覆盖全国、较为完善的紧急医学救援网络，突发事件卫生应急处置能力和紧急医学救援能力达到发达国家水平。进一步健全医疗急救体系，提高救治效率。到2030年，力争将道路交通事故死伤比基本降低到中等发达国家水平。

第五节 健全口岸公共卫生体系

建立全球传染病疫情信息智能监测预警、口岸精准检疫的口岸传染病预防控制体系和种类齐全的现代口岸核生化有害因子防控体系，建立基于源头防控、境内外联防联控的口岸突发公共卫生事件应对机制，健全口岸病媒生物及各类重大传染病监测控制机制，主动预防、控制和应对境外突发公共卫生事件。持续巩固和提升口岸核心能力，创建国际卫生机场(港口)。完善国际旅行与健康信息网络，提供及时有效的国际旅行健康指导，建成国际一流的国际旅行健康服务体系，保障出入境人员健康安全。

提高动植物疫情疫病防控能力，加强进境动植物检疫风险评估准入管理，强化外来动植物疫情疫病和有害生物查验截获、检测鉴定、除害处理、监测防控规范化建设，健全对购买和携带人员、单位的问责追究体系，防控国际动植物疫情疫病及有害生物跨境传播。健全国门生物安全查验机制，有效防范物种资源丧失和外来物种入侵。

第六篇 发展健康产业

第十七章 优化多元办医格局

进一步优化政策环境，优先支持社会力量举办非营利性医疗机构，推进和实现非营利性民营医院与公立医院同等待遇。鼓励医师利用业余时间、退休医师到基层医疗卫生机构执业或开设工作室。个体诊所设置不受规划布局限制。破除社会力量进入医疗领域的不合理限制和隐性壁垒。逐步扩大外资兴办医疗机构的范围。加大政府购买服务的力度，支持保险业投资、设立医疗机构，推动非公立医疗机构向高水平、规模化方向发展，鼓励发展专业性医院管理集团。加强政府监管、行业自律与社会监督，促进非公立医疗机构规范发展。

第十八章 发展健康服务新业态

积极促进健康与养老、旅游、互联网、健身休闲、食品融合，催生健康新产业、新业态、新模式。发展基于互联网的健康服务，鼓励发展健康体检、咨询等健康服务，促进个性化健康管理服务发展，培育一批有特色的健康管理服务产业，探索推进可穿戴设备、智能健康电子产品和健康医疗移动应用服务等发展。规范发展母婴照料服务。培育健康文化产业和体育医疗康复产业。制定健康医疗旅游行业标准、规范，打造具有国际竞争力的健康医疗旅游目的地。大力发展中医药健康旅游。打造一批知名品牌和良性循环的健康服务产业集群，扶持一大批中小微企业配套发展。

引导发展专业的医学检验中心、医疗影像中心、病理诊断中心和血液透析中心等。支持发展第三方医疗服务评价、健康管理服务评价，以及健康市场调查和咨询服务。鼓励社会力量提供食品药品检测服务。完善科技中介体系，大力发展专业化、市场化医药科技成果转化服务。

第十九章 积极发展健身休闲运动产业

进一步优化市场环境，培育多元主体，引导社会力量参与健身休闲设施建设运营。推动体育项目协会改革和体育场馆资源所有权、经营权分离改革，加快开放体育资源，创新健身休闲运动项目推广普及方式，进一步健全政府购买体育公共服务的体制机制，打造健身休闲综合服务体。鼓励发展多种形式的体育健身俱乐部，丰富业余体育赛事，积极培育冰雪、山地、水上、汽摩、航空、极限、马术等具有消费引领特征的时尚休闲运动项目，打造具有区域特色的健身休闲示范区、健身休闲产业带。

第二十章 促进医药产业发展

第一节 加强医药技术创新

完善政产学研用协同创新体系，推动医药创新和转型升级。加强专利药、中药新药、新型制剂、高端医疗器械等创新能力建设，推动治疗重大疾病的专利到期药物实现仿制上市。大力发展生物药、化学药新品种、优质中药、高性能医疗器械、新型辅料包材和制药设备，推动重大药物产业化，加快医疗器械转型升级，提高具有自主知识产权的医学诊疗设备、医用材料的国际竞争力。加快发展康复辅助器具产业，增强自主创新能力。健全质量标准体系，提升质量控制技术，实施绿色和智能改造升级，到 2030 年，药品、医疗器械质量标准全面与国际接轨。

第二节 提升产业发展水平

发展专业医药园区，支持组建产业联盟或联合体，构建创新驱动、绿色低碳、智能高效的先进制造体系，提高产业集中度，增强中高端产品供给能力。大力发展医疗健康服务贸易，推动医药企业走出去和国际产业合作，提高国际竞争力。到 2030 年，具有自主知识产权新药和诊疗装备国际市场份额大幅提高，高端医疗设备市场国产化率大幅提高，实现医药工业中高速发展和向中高端迈进，跨入世界制药强国行列。推进医药流通行业转型升级，减少流通环节，提高流通市场集中度，形成一批跨国大型药品流通企业。

第七篇 健全支撑与保障

第二十一章 深化体制机制改革

第一节 把健康融入所有政策

加强各部门各行业的沟通协作，形成促进健康的合力。全面建立健康影响评价评估制度，系统评估各项经济社会发展规划和政策、重大工程项目对健康的影响，健全监督机制。畅通公众参与渠道，加强社会监督。

第二节 全面深化医药卫生体制改革

加快建立更加成熟定型的基本医疗卫生制度，维护公共医疗卫生的公益性，有效控制医药费用不合理增长，不断解决群众看病就医问题。推进政事分开、管办分开，理顺公立医疗卫生机构与政府的关系，建立现代公立医院管理制度。清晰划分中央和地方以及地方各级政府医药卫生管理事权，实施属地化和全行业管理。推进军队医院参加城市公立医院改革、纳入国家分级诊疗体系工作。健全卫生计生全行业综合监管体系。

第三节 完善健康筹资机制

健全政府健康领域相关投入机制，调整优化财政支出结构，加大健康领域投入力度，科学合理界定中央政府和地方政府支出责任，履行政府保障基本健康服务需求的责任。中央财政在安排相关转移支付时对经济欠发达地区予以倾斜，提高资金使用效益。建立结果导向的健康投入机制，开展健康投入绩效监测和评价。充分调动社会组织、企业等的积极性，形成多元筹资格局。鼓励金融等机构创新产品和服务，完善扶持措施。大力发展慈善事业，鼓励社会和个人捐赠与互助。

第四节 加快转变政府职能

进一步推进健康相关领域简政放权、放管结合、优化服务。继续深化药品、医疗机构等审批改革，规范医疗机构设置审批行为。推进健康相关部门依法行政，推进政务公开和信息公开。加强卫生计生、体育、食品药品等健康领域监管创新，加快构建事中和事后监管体系，全面推开“双随机、一公开”机制建设。

推进综合监管,加强行业自律和诚信建设,鼓励行业协会商会发展,充分发挥社会力量在监管中的作用,促进公平竞争,推动健康相关行业科学发展,简化健康领域公共服务流程,优化政府服务,提高服务效率。

第二十二章　加强健康人力资源建设

第一节　加强健康人才培养培训

加强医教协同,建立完善医学人才培养供需平衡机制。改革医学教育制度,加快建成适应行业特点的院校教育、毕业后教育、继续教育三阶段有机衔接的医学人才培养培训体系。完善医学教育质量保障机制,建立与国际医学教育实质等效的医学专业认证制度。以全科医生为重点,加强基层人才队伍建设。完善住院医师与专科医师培养培训制度,建立公共卫生与临床医学复合型高层次人才培养机制。强化面向全员的继续医学教育制度。加大基层和偏远地区扶持力度。加强全科、儿科、产科、精神科、病理、护理、助产、康复、心理健康等急需紧缺专业人才培养培训。加强药师和中医药健康服务、卫生应急、卫生信息化复合人才队伍建设。加强高层次人才队伍建设,引进和培养一批具有国际领先水平的学科带头人。推进卫生管理人员专业化、职业化。调整优化适应健康服务产业发展的医学教育专业结构,加大养老护理员、康复治疗师、心理咨询师等健康人才培养培训力度。支持建立以国家健康医疗开放大学为基础、中国健康医疗教育慕课联盟为支撑的健康教育培训云平台,便捷医务人员终身教育。加强社会体育指导员队伍建设,到 2030 年,实现每千人拥有社会体育指导员 2.3 名。

第二节　创新人才使用评价激励机制

落实医疗卫生机构用人自主权,全面推行聘用制,形成能进能出的灵活用人机制。落实基层医务人员工资政策。创新医务人员使用、流动与服务提供模式,积极探索医师自由执业、医师个体与医疗机构签约服务或组建医生集团。建立符合医疗卫生行业特点的人事薪酬制度。对接国际通行模式,进一步优化和完善护理、助产、医疗辅助服务、医疗卫生技术等方面人员评价标准。创新人才评价机制,不将论文、外语、科研等作为基层卫生人才职称评审的硬性要求,健全符合全科医生岗位特点的人才评价机制。

第二十三章　推动健康科技创新

第一节　构建国家医学科技创新体系

大力加强国家临床医学研究中心和协同创新网络建设,进一步强化实验室、工程中心等科研基地能力建设,依托现有机构推进中医药临床研究基地和科研机构能力建设,完善医学研究科研基地布局。加强资源整合和数据交汇,统筹布局国家生物医学大数据、生物样本资源、实验动物资源等资源平台,建设心脑血管、肿瘤、老年病等临床医学数据示范中心。实施中国医学科学院医学与健康科技创新工程。加快生物医药和大健康产业基地建设,培育健康产业高新技术企业,打造一批医学研究和健康产业创新中心,促进医研企结合,推进医疗机构、科研院所、高等学校和企业等创新主体高效协同。加强医药成果转化推广平台建设,促进医学成果转化推广。建立更好的医学创新激励机制和以应用为导向的成果评价机制,进一步健全科研基地、生物安全、技术评估、医学研究标准与规范、医学伦理与科研诚信、知识产权等保障机制,加强科卫协同、军民融合、省部合作,有效提升基础前沿、关键共性、社会公益和战略高科技的研究水平。

第二节　推进医学科技进步

启动实施脑科学与类脑研究、健康保障等重大科技项目和重大工程,推进国家科技重大专项、国家重点研发计划重点专项等科技计划。发展组学技术、干细胞与再生医学、新型疫苗、生物治疗等医学前沿技术,加强慢病防控、精准医学、智慧医疗等关键技术突破,重点部署创新药物开发、医疗器械国产化、中医药现代化等任务,显著增强重大疾病防治和健康产业发展的科技支撑能力。力争到 2030 年,科技论文影响力和三方专利总量进入国际前列,进一步提高科技创新对医药工业增长贡献率和成果转化率。

第二十四章 建设健康信息化服务体系

第一节 完善人口健康信息服务体系建设

全面建成统一权威、互联互通的人口健康信息平台，规范和推动“互联网＋健康医疗”服务，创新互联网健康医疗服务模式，持续推进覆盖全生命周期的预防、治疗、康复和自主健康管理一体化的国民健康信息服务。实施健康中国云服务计划，全面建立远程医疗应用体系，发展智慧健康医疗便民惠民服务。建立人口健康信息化标准体系和安全保护机制。做好公民入伍前与退伍后个人电子健康档案军地之间接续共享。到 2030 年，实现国家省市县四级人口健康信息平台互通共享、规范应用，人人拥有规范化的电子健康档案和功能完备的健康卡，远程医疗覆盖省市县乡四级医疗卫生机构，全面实现人口健康信息规范管理和使用，满足个性化服务和精准化医疗的需求。

第二节 推进健康医疗大数据应用

加强健康医疗大数据应用体系建设，推进基于区域人口健康信息平台的医疗健康大数据开放共享、深度挖掘和广泛应用。消除数据壁垒，建立跨部门跨领域密切配合、统一归口的健康医疗数据共享机制，实现公共卫生、计划生育、医疗服务、医疗保障、药品供应、综合管理等应用信息系统数据采集、集成共享和业务协同。建立和完善全国健康医疗数据资源目录体系，全面深化健康医疗大数据在行业治理、临床和科研、公共卫生、教育培训等领域的应用，培育健康医疗大数据应用新业态。加强健康医疗大数据相关法规和标准体系建设，强化国家、区域人口健康信息工程技术能力，制定分级分类分域的数据应用政策规范，推进网络可信体系建设，注重内容安全、数据安全和技术安全，加强健康医疗数据安全保障和患者隐私保护。加强互联网健康服务监管。

第二十五章 加强健康法治建设

推动颁布并实施基本医疗卫生法、中医药法，修订实施药品管理法，加强重点领域法律法规的立法和修订工作，完善部门规章和地方政府规章，健全健康领域标准规范和指南体系。强化政府在医疗卫生、食品、药品、环境、体育等健康领域的监管职责，建立政府监管、行业自律和社会监督相结合的监督管理体制。加强健康领域监督执法体系和能力建设。

第二十六章 加强国际交流合作

实施中国全球卫生战略，全方位积极推进人口健康领域的国际合作。以双边合作机制为基础，创新合作模式，加强人文交流，促进我国和“一带一路”沿线国家卫生合作。加强南南合作，落实中非公共卫生合作计划，继续向发展中国家派遣医疗队员，重点加强包括妇幼保健在内的医疗援助，重点支持疾病预防控制体系建设。加强中医药国际交流与合作。充分利用国家高层战略对话机制，将卫生纳入大国外交议程。积极参与全球卫生治理，在相关国际标准、规范、指南等的研究、谈判与制定中发挥影响，提升健康领域国际影响力和制度性话语权。

第八篇 强化组织实施

第二十七章 加强组织领导

完善健康中国建设推进协调机制，统筹协调推进健康中国建设全局性工作，审议重大项目、重大政策、重大工程、重大问题和重要工作安排，加强战略谋划，指导部门、地方开展工作。

各地区各部门要将健康中国建设纳入重要议事日程，健全领导体制和工作机制，将健康中国建设列入经济社会发展规划，将主要健康指标纳入各级党委和政府考核指标，完善考核机制和问责制度，做好相关任务的实施落实工作。注重发挥工会、共青团、妇联、残联等群团组织以及其他社会组织的作用，充分发挥民主党派、工商联和无党派人士作用，最大限度凝聚全社会共识和力量。

第二十八章　营造良好社会氛围

大力宣传党和国家关于维护促进人民健康的重大战略思想和方针政策，宣传推进健康中国建设的重大意义、总体战略、目标任务和重大举措。加强正面宣传、舆论监督、科学引导和典型报道，增强社会对健康中国建设的普遍认知，形成全社会关心支持健康中国建设的良好社会氛围。

第二十九章　做好实施监测

制定实施五年规划等政策文件，对本规划纲要各项政策和措施进行细化完善，明确各个阶段所要实施的重大工程、重大项目和重大政策。建立常态化、经常化的督查考核机制，强化激励和问责。建立健全监测评价机制，制定规划纲要任务部门分工方案和监测评估方案，并对实施进度和效果进行年度监测和评估，适时对目标任务进行必要调整。充分尊重人民群众的首创精神，对各地在实施规划纲要中好的做法和有效经验，要及时总结，积极推广。

附件5

室外健身器材配建管理办法

第一章　总　　则

第一条　为规范室外健身器材配建管理工作，切实保障群众合法的体育健身权益，根据《体育法》《政府采购法》《产品质量法》《公共文化体育设施条例》《全民健身条例》等法律法规，制定本办法。

第二条　本办法所称室外健身器材（以下简称“器材”），是指各级政府体育主管部门用财政性资金采购，配建在社区（行政村）、公园、广场等室外公共场所，供社会公众免费使用的健身器材。

第三条　国家体育总局对各地器材的配建工作进行指导和监管。

地方体育主管部门对本行政区域器材的配建工作进行指导和监管。

第四条　社区居委会、村委会、公园（广场）管理部门、机关、企业事业组织等接收器材的组织和单位（以下简称“器材接收方”），负责对配建在本组织和单位所辖区域内的器材进行日常管理。

第五条　器材配建工作应坚持因地制宜、保证质量、建管并重、服务群众的原则，并统筹考虑各类使用人群的特点，保障青少年、老年人和残疾人的健身需求。

第二章　采　　购

第六条　地方体育主管部门应结合当地公共体育设施建设规划和群众需求，在充分调研论证的基础上制定本行政区域器材配建和更新工作计划，根据工作计划组织开展器材采购。

第七条　需通过公开招标方式采购器材的，在招标评标中应采用综合评分法。

在采购中，对生产企业的诚信履约情况、生产技术水平、产品质量控制及售后服务能力应加强审核。

不得采购侵犯知识产权的产品。

第八条　所采购器材应符合下列要求：

（一）符合GB 19272—2011《室外健身器材的安全通用要求》以及其他关于器材配建工作的国家标准；国家标准更新的，应执行最新标准；

（二）通过经国家认可的器材质量认证机构的产品质量认证；

（三）鼓励投保产品质量险和包含第三者责任险、意外伤害险的险种。

第九条　鼓励采购创新型器材，推动室外健身器材提档升级。在评标中，对生产工艺、使用材料、结构功能等具有创新的产品应给予适当加分。

第十条　器材中标、成交供应商（以下简称“供应商”）不得将中标和成交的器材分包给其他企业生产，或从其他企业购买器材代替本企业生产器材。

第十一条　所采购器材由采购方组织进行验收，并应有第三方质量监督检测机构等具备相应资质的专业技术力量参与。器材验收合格后方可配送安装。

第十二条　对器材验收工作以及供应商在器材配送安装和管理维护中的责任等事项，应在器材采购合同中予以明确。

第三章　安　　装

第十三条　器材应配建在与其型号和数量相适应、日常管理有保障、器材使用不影响周边居民正常生活的场所、场地，并按照国家标准铺设缓冲层。

第十四条　供应商应在器材上设置使用说明标识牌，按照产品认证要求配置二维码等信息监管标识，对可能因使用不当造成人身伤害或造成零部件损坏的器材设置警示标志。

使用体育彩票公益金购置的器材，应按《体育彩票公益金资助项目宣传管理办法》在显著位置设置体育彩票资助标志。

第十五条　提供器材的体育主管部门应依法与器材接收方、器材供应商签订三方协议（以下简称“三方协议”），明确器材产权、管理维护要求以及器材种类、数量等事项。

器材由上级体育主管部门统一采购的，三方协议可由器材配建地县级体育主管部门与器材接收方、供应商签订。上级体育主管部门应与器材配建地体育主管部门明确有关权利义务。

第十六条　安装后的器材应由提供器材的体育主管部门组织进行安装验收，验收合格后方可交付使用。

上级体育主管部门统一采购后转移给下级再分配使用的器材，由器材配建地县级体育主管部门组织进行安装验收。

第四章　监　　管

第十七条　国家体育总局委托第三方服务机构定期对各地配建的器材质量、器材安装、器材管理维护进行监督检查，并公布检查结果。

第三方服务机构按照国家有关政府购买服务的法律、法规，通过政府采购程序产生。

第十八条　地方体育主管部门应会同本级政府有关部门，定期组织开展本行政区域器材质量、安装、管理维护检查，协调督促供应商、器材使用方解决器材存在的问题。

第十九条　鼓励和支持社会体育指导员、志愿者参与器材质量监管和管理维护工作；充分发挥第三方专业公司在器材质量监管和管理维护方面的作用。

体育主管部门组织开展的体育管理干部和社会体育指导员知识技能培训，应包含器材国家标准、质量监管和管理维护课程。

第二十条　器材质量认证机构应严格按照国家关于产品认证工作的法律法规开展器材质量认证，加强对参与质量审核认证人员的管理，充分发挥认证组织成员单位在质量认证现场审核、复核等方面的监督作用，对器材质量认证规则、标准、流程和获证企业器材质量认证报告有关内容进行公示，接受社会监督。

第五章　维修与拆除

第二十一条　处于保修期内的器材因其自身质量问题而损坏的，器材接收方应及时联系供应商，由供应商免费维修或更换。

第二十二条　超出保修期的器材由供应商负责维修，维修产生的费用问题应通过三方协议明确。

第二十三条　超过国家标准规定的安全使用寿命期的器材应予报废，由器材接收方拆除；对安全使用寿命期内的器材进行拆除，应在原址或择址配建同等数量的器材。

第二十四条　对于本办法第二十一条和二十三条所列事项，器材接收方应及时向提供器材的体育主管部门备案。

上级体育主管部门统一采购的器材，由器材配建地县级体育主管部门进行备案。

第六章　附　　则

第二十五条　本办法自发布之日起实施。

附件6

中国体育用品业联合会团体标准制修订工作程序

第一章　总　　则

第一条　依据质检总局　国家标准委"关于印发《关于培育和发展团体标准的指导意见》的通知"要求，制定本工作程序。

第二条　中国体育用品业联合会(以下简称联合会)统一管理体育用品业团体标准。

第三条　体育用品业团体标准，是按照市场和行业发展需求，在没有国家标准、行业标准的情况下，制定团体标准，或制定严于国家标准、行业标准的团体标准。

第四条　体育用品业内的生产企业、科研机构、检验机构在公平、协商、透明的原则下，申请立项，参与团体标准的制修订工作。

第五条　团体标准不应违反现行的法律法规和国家标准、行业标准。

第二章　团体标准的组织机构和工作职责

第六条　联合会依托全国体育用品标准化技术委员会秘书处负责协会团体标准的立项审批、标准批准发布、标准的技术归口工作。

第七条　全国体育用品标准化技术委员会秘书处负责团体标准的日常沟通、协调、联络、组织等事物性工作。

第八条　联合会的专家委员会负责团体标准的技术把关工作。

第三章　提　　案

第九条　联合会各专业委员会、委员、标准化分技术委员会、标准化工作组均可发起标准提案。

第十条　全国体育用品标准化技术委员会秘书处可根据行业发展的需要提出标准立项提案。

第十一条　可承担相关政府职能或企(事)业单位的委托，提出团体标准提案。

第十二条　拟制定的团体标准需有至少五家以上使用标准的单位发起。

第十三条　全国体育用品标准化技术委员会秘书处负责提案的收集、整理、汇总工作。并提交联合会专家组审议通过，形成初步意见，上报联合会秘书处领导。

第四章　立　　项

第十四条　团体标准经过专家委员会审核后，由全国体育用品标准化技术委员会秘书处汇总，上报联合会秘书处领导审查批准，方可立项，其立项通知发布在联合会网站。

第十五条　对未通过的标准提案，由全国体育用品标准化技术委员会秘书处提出修改或驳回意见。

第五章　编　　制

第十六条　获得标准立项的团体标准，由全国体育用品标准化技术委员会秘书处和标准发起单位负责组建标准起草组。

第十七条　标准起草组与联合会签订任务书。

第十八条　标准起草组按照任务书的要求完成标准的编制工作。

第六章　征求意见

第十九条　全国体育用品标准化技术委员会秘书处收到起草组提交的征求意见稿和编制说明后，向有关单位、技术专家和相关专业委员会征求意见。

第二十条　征求意见时间一般为四周，征求意见形式为联合会网公示、微信、信件等。

第二十一条　全国体育用品标准化技术委员会秘书处负责收集整理意见，并统一反馈至起草组，起草组对所有意见进行处理，形成标准送审稿、编制说明、征求意见汇总表。

第七章　审　　查

第二十二条　全国体育用品标准化技术委员会秘书处收到送审稿、征求意见汇总、编制说明后，对其材料进行初审。

第二十三条　全国体育用品标准化技术委员会秘书处组织专家对标准进行评审，专家人员一般为15人左右。评审可通过会议审查或函审的方式进行。

第二十四条　起草工作组根据审查意见，对标准文本进行修改，形成报批稿、编制说明和审查意见汇总表，并上报全国体育用品业联合会秘书处。

第八章　发　　布

第二十五条　全国体育用品标准化技术委员会秘书处将对报批稿、编制说明等材料审核后，上报联合会秘书处领导审查批准。

第二十六条　经联合会秘书处领导批准后，由联合会组织发布。

第二十七条　标准编号由团体标准代号(T)、社会团体代号(CSGF)、发布顺序号和发布年代号。编号形式：

T/CSGF ×××——20××

第九章　复　　审

第二十八条　标准实施后，全国体育用品标准化技术委员会秘书处根据需要可组织相关专家进行复审，以确定标准继续有效或修订、废止。复审周期一般不超过三年。

第二十九条　复审结果，通过联合会网站发布并公示。

第十章　经　　费

第三十条　团体标准工作经费原则上由标准发起单位或专业委员会自筹解决。

第十一章　其　　他

第三十一条　本办法由联合会负责解释。

第三十二条　本办法自 2017 年 4 月 1 日起执行。

团体标准项目建议书

<table>
<tr><td>中文名称</td><td colspan="3"></td></tr>
<tr><td>英文名称</td><td colspan="3"></td></tr>
<tr><td>制定/修订</td><td>□制定　□修订</td><td>被修订标准号</td><td></td></tr>
<tr><td>采用国际标准</td><td>□无　□ISO　□IEC
□ITU　□ISO/IEC
□ISO 确认的标准</td><td>采用程度</td><td>□等同　□修改
□非等效</td></tr>
<tr><td>采标号</td><td></td><td>采标名称</td><td></td></tr>
<tr><td>标准类别</td><td colspan="3">□安全　□卫生　□环保　□基础　□方法　□管理　□产品　□其他</td></tr>
<tr><td>ICS</td><td colspan="3"></td></tr>
<tr><td>上报单位</td><td colspan="3"></td></tr>
<tr><td>参与起草单位</td><td colspan="3"></td></tr>
<tr><td>项目周期</td><td colspan="3">个月</td></tr>
<tr><td>经费预算说明</td><td colspan="3"></td></tr>
<tr><td>目的、意义</td><td colspan="3"></td></tr>
<tr><td>范围和主要技术内容</td><td colspan="3"></td></tr>
<tr><td>国内外情况简要说明</td><td colspan="3"></td></tr>
<tr><td>有关法律法规和
强制性标准的关系</td><td colspan="3"></td></tr>
<tr><td>标准涉及的产品清单</td><td colspan="3"></td></tr>
<tr><td>是否有国家级
科研项目支撑</td><td>□是　□否</td><td>科研项目编号及名称</td><td></td></tr>
<tr><td>是否涉及专利</td><td>□是　□否</td><td>专利号及名称</td><td></td></tr>
<tr><td>是否有国家标准、
行行标或地标转化</td><td>□是　□否</td><td>具体的标准名称
和标准号</td><td></td></tr>
<tr><td>申报单位</td><td colspan="3">负责人签字　　　　　　盖章

年　月　日</td></tr>
</table>

填写说明：

1. 如果申报的团体标准有国家标准或行业标准以及地方标准的，请填写。
2. 团体标准的经费由起草单位承担。
3. 国内外情况，要填写此类产品行业的全年产值，以及出口量和出口额，主要的出口国家。申报表以申报单位负责人签字和单位公章为有效。

团体标准任务书

标准名称：

标准批准单位（甲方）：

标准承担单位（乙方）：

标准起草负责人：

通讯地址：

联系电话：

标准制定起止期间：　　　　年　　月　至　　　年　　月

中国体育用品业联合制
二〇一七年六月

一、研究目标、研究内容、拟解决的关键问题

二、主要指标及可行性分析

三、协作单位的分工

四、预期结果

五、进度安排

月　　份	主要工作内容

六、任务书签定各方意见

甲方：中国体育用品业联合会　　（公章）

法定代理人或委托代理人：

年　月　日

乙方：　　（公章）

项目负责人：

年　月　日